뇌 과학이 인생에 필요한 순간

내 마음의 한계를 넘어서고 싶을 때

뇌 과학이
인생에
필요한 순간

김대수 지음

브라이트

삶은 자신을 찾는 것이 아니라
자신을 창조하는 것이다.
그러니 상상하는 삶을 살라.

_헨리 데이비드 소로

추천의 글

어설픈 조언보다
냉정한 뇌 과학에 귀 기울여야 하는 이유

_정재승(뇌 과학자, 『과학콘서트』, 『열두 발자국』 저자)

뇌 과학자들 중에는 나와 타인, 우리를 둘러싼 세계에 호기심이 깊고 인생에 대해 성찰적인 연구자들이 많다. 우리의 뇌가 이에 강력한 실마리를 줄 수 있기 때문이다. 이 책의 저자 김대수 교수는 바로 그런 '타고난 뇌 과학자'다. 그래서인지 이 책을 읽으면서 내내 고개가 절로 끄덕여졌다. '그는 자신을 사랑하고 타인을 사랑하고 연구를 사랑하는 사람이구나, 그래서 이 책을 썼구나!' 하고 탄성하면서 말이다.

최첨단 방법론을 사용해 쥐의 유전자에서부터 생리적 현상, 그리고 행동 분석에 이르기까지, 최고의 뇌 과학 전문가인 김대수 교수는 자신의 연구를 바탕으로 가장 쉬운 언어로 사람들에게 따뜻한 조언을 한다.

삶이 힘들거나 지쳤을 때, 내 삶에서 길을 잃거나 내가 누구인지 혼란스러울 때, 누군가에게 상처받았거나 타인을 어떻게 대해야 할지 막막할 때, 과학으로 밝혀낸 작은 진실이 위로와 조언이 될 수 있음을 이 책은 모든 페이지에서 증명한다. 어설픈 장광설보다 따뜻한 과학자의 냉정한 뇌 과학이 더 큰 위안이 될 수 있음을 보여주는 책이다.

일상생활에서 맞닥뜨리는 의문을 해결하는 뇌 과학의 지혜

_권준수 (서울대학교 정신과학/뇌인지과학과 교수)

우리는 살아가면서 사람을 판단해야 할 때도 있고, 진실한 파트너를 만나고 싶을 때도 있으며, 자신을 비방하는 사람을 어떻게 해야 할지 고민할 때도 있다. 또한 상황이 무르익지 않아 때를 기다려야 할 순간도 있다. 『뇌 과학이 인생에 필요한 순간』은 현실에서 누구나 만날 수 있는 상황을 뇌 과학적 원리로 쉽게 풀어낸 책이다.

이 책의 독창성은, 교과서에 나오는 지식을 나열한 것이 아니라, 시상하부 앞쪽의 전시각중추MPA가 외부의 오브젝트에 의해 호기심이 유발되는 부위라는 자신의 연구 결과를 바탕으로 인간의 욕망에 대한 신경과학적 원리를 설명한다는 점이다.

재기발랄하고 호기심 넘치는 김대수 교수가 일상생활에서 맞닥뜨리는 의문을 재치 있게 뇌 과학적으로 풀어낸 이 책이 많은 사람들에게 도움이 될 것임을 확신한다.

들어가는 말

내 인생을 스스로 관리하고
바꿀 수 있는 가장 믿을 만한 방법

수정란에서 엄마와 아빠 유전자가 합쳐지면서 세포분열이 시작된다. 축구공같이 뭉쳐진 세포들이 잠시 후 상하좌우를 갖춘 배아로 변신한다. 머리 부분에는 신경세포가 초당 만 개의 속도로 분열하면서 1.4킬로그램의 하얀 덩어리를 만든다. 그 덩어리 속에서 1000억 개의 신경이 100조 개 이상 연결을 만들면서 정보를 처리하고 저장하는 컴퓨터가 만들어진다. 전 우주에서 스스로를 아는 유일한 뇌가 탄생하는 순간이다.

내 뇌는 만들어질 때 기본 프로그램에 버그가 있었던 것 같다. 초등학생이 되어서도 눈을 깜빡이거나 헛기침을 반복했다. 털옷에 붙은 보푸라기를 보면 모두 떼어내고 싶었고 보도블럭 문양을 보면 꼭 모두 밟고 지나가야 한다는 생각에 시달렸다. 선생님께서 1분단부터 차례대로 숙제 검사를 하려 다가오시는 동안 친구 숙제를 베끼고는 했다. 숙제의 처음과 마지막 페이지만 베껴 대강

넘기면서 도장을 받는 식이었다. 만일 우리 분단부터 숙제 검사를 시작하면 "선생님 배가 아파요." 혹은 "선생님 화장실 다녀올게요."라며 손을 들고는 교실 밖으로 나왔다. 초등학교 시절에 숙제를 집에서 해 간 적이 없었고, 수업시간 중에 양호실과 화장실을 가장 많이 간 기록을 보유했다. 뇌 질환으로 분류하자면 강박증과 주의력집중 장애가 심한 경우다.

뇌 과학적으로 인생을 한마디로 표현하자면 '내가 뇌를 따라다니다가 뇌가 나를 따르게 되는 과정'이다. 완성되기 전의 뇌는 필요하지 않은 신호를 만들어내는데 그 신호에 속수무책으로 반응하다 보면 이상한 근육반응이나 행동이 만들어진다. 선생님께서 숙제를 내주는 순간에는 선생님께 집중을 해야 하는데 뇌가 명령하는 엉뚱한 대상에 집중하는 식이다.

이런 현상은 비단 유년기의 뇌에서만 일어나지 않는다. 어른이 되어서도 뇌는 끊임없이 부적절한 신호를 만들어낸다. 최근 사회적으로 저명한 인사들이 본능적인 실수와 범죄에 연루되는 것도 결국 뇌가 만들어내는 신호를 추종한 결과다.

어떻게 뇌를 따르지 않고 뇌가 나를 따르도록 할 수 있을까? 다행히 뇌는 스스로를 관찰할 수 있는 기능이 있다. 이것을 의식이라 한다. 뇌가 스스로 부적절한 반응을 의식하게 되면 점차 해당 오류를 수정하려고 노력한다. 어릴 적 나는 눈을 깜빡이거나 헛기

침을 하는 나 자신을 바라볼 수 있게 되면서 증상이 점차 사라졌다. 주식이나 게임 혹은 특정한 본능에 중독된 상태를 벗어나는 것도, 그런 나를 스스로 관찰하는 것이 첫 번째 치료 방법이다.

인공지능과 데이터를 기반으로 급속히 발전하는 4차 산업혁명 시대에는 정상적인 뇌도 방황하기 쉽다. 뇌에 저장된 지식을 활용하는 전문가들의 가치가 하락하며 뇌가 만들어내는 반복적인 신호로 수행되는 모든 직업이 사라진다. 취업보다 창업이 더 많아지는데 정작 나의 일자리만 없는 아이러니한 사회가 도래한다. 우리가 뇌를 스스로 관리하고 다양하고 다채롭게 바꿀 수 있어야 적응할 수 있는 시대다.

소크라테스는 '너 자신을 알라'라고 말했을 뿐 아니라 '너 자신을 부정하라'고 했다. 자신에 주어진 가치와 미션을 진지하게 고민해 새로운 인생을 살라는 메시지다. 뇌 과학이 주는 메시지도 동일하다. '자신의 뇌를 알라' 그리고 '자신의 뇌를 바꾸어가라'.

이 책은 지난 25년간 뇌를 연구한 한 과학자가 연구 결과와 자신의 경험을 바탕으로 쓴 뇌 사용설명서다. 독자들이 한걸음 떨어져 자신의 뇌를 관찰하고 변화시키는 데 도움이 될 만한 뇌 과학 지식들과 경험을 담고자 했다. 이 책에서 인용된 많은 나의 연구 성과들은 카이스트 동료들과 학생들이 일군 노력의 산물임을 미리 밝힌다. 집중력 부족으로 숙제를 못하는 나를 이해해주어 이 책이 나오기까지 기다려주신 출판사에 감사드린다. 나의 기억 속에 오늘날 나를 있게 한 모든 선생님들에게 이 책을 바친다.

2021년 4월 K. D

차례

6부 | 뇌 과학이 인생에 필요한 순간
: 이제 우리는 어떻게 할 것인가?

1부

나를 바꾸는
뇌 과학 여행

: 뇌를 따라가지 않고 가르칠 수 있을까?

더 넓고 깊은 세상을 위하여
뇌에 대한 탐험을
지금부터 시작해보자.

01

인생의 다양한 색깔을 경험하기 위하여

뇌를 따르면 내가 종이 되지만
뇌를 이끌면 자유로워진다.

뇌 과학 여행의 첫 번째 규칙은 '나'와 '뇌'를 분리해서 생각하는 것이다. 뇌는 전지적 관찰자 시점으로 스스로를 관찰할 수 있는 흥미로운 기능을 가지고 있다. 이러한 능력을 뇌 과학 전문용어로 '의식consciousness'이라고 한다. 물론 나를 의식하는 것도 뇌 속에서 이루어지므로 나와 뇌를 물리적으로 분리하는 것은 불가능하다. 그러나 독자들의 이해를 돕기 위해 이 책에선 종종 나와 뇌를 분리해 동행하는 친구처럼 설명할 것이다.

나는 대중 강연이나 학교에서 강의를 할 때 뇌가 보는 세상을 수채화에 비유하고는 한다. 눈앞에 펼쳐진 풍경을 화폭에 담기 위해 화가는 연필로 밑그림을 그리고 물감으로 채색하지만 뇌는 오직 신경세포로 그림을 그린다. 우리 눈앞에 실감나게 펼쳐진 풍경과 사물은 실제로는 신경세포가 만들어내는 전기신호인 것이다.[1] 우리가 느끼는 시간의 흐름, 공간의 느낌, 기억들의 실체도 실존하는 대상이 아닌 신경신호다. 그럼에도 불구하고 우리는 2차원 신경신호가 아닌 3차원 세상을 느끼고 있다. 뇌의 의식기능이 신경신호 자체를 그렇게 해석해주고 있는 것이다. 엄마가 읽어주는 동화책 이야기를 들을 수 있으나 정작 책 속의 글을 보지 못하는 아기를 상상해보면 쉽게 이해할 수 있다.

수채화에 밑그림이 있듯이 뇌가 보여주는 세상의 그림에도 밑그림이 있다. 그것은 생존과 번식에 관련된 욕구들로 만들어진 밑그림이다. 각자의 뇌 속에 주어진 밑그림은 태생적으로 이미 만들어진 상태이며 무의식의 영역에 있어 내 맘대로 바꾸기 어렵다. 그렇다면 뇌가 그려놓은 밑그림대로만 살아가야 할까? 내가 원하지도 않은 밑그림을 운명으로 받아들여 서글프고 절망적인 채로 살아갈 수밖에 없는 것일까?

너무 비관하지 않아도 괜찮다. 밑그림 위에 어떤 경험으로 색을 칠할지 무슨 지식으로 명암을 줄지는 나의 자유이며 의지의 영역이다. 역사적인 세계의 명화들도 엑스레이로 투시해보면 전혀 다른 밑그림이 숨겨져 있는 경우가 많다고 하지 않는가? 아무리 밑그림이 못났어도 이를 잘 살피고 멋지게 채색한다면 그 위에 명화를 그릴 수 있다. 생을 마감할 때, 인생의 수채화는 색깔도 깊이도 저마다 다를 것이며 모두 아름다운 작품으로 남게 될 것이다.

뇌 사용 설명서가 필요한 때

뇌는 하루 종일 나에게 조른다. 생존과 번식을 위한 기회와 물건과 사람을 찾았다고, 그것을 만지고 소유하고 싶다며 응석을 부린다. 뇌의 요구는 한번 들어주면 더욱더 커지고 집요해진다. 특히 뇌의 요구가 내가 원한다는 느낌으로 전해질 때는 거절하기가 어렵다. 부모의 입장에서 본다면 뇌는 마치 방콕(방에만 콕 박혀서)하여 말초적인 재미만을 추구하는 자녀들과 같다. 이대로 방치하다가는 자녀들과 집안의 미래는 더욱 꼬이게 될 것이 분명하니 부모의 마음이 타들어간다. 잔소리를 하고 화를 내어보지만 그들의 뇌는 쉽게 바뀌지 않는다. 뇌는 태생적으로 그려진 욕구의 프로그램에 따라 행동하고 있기 때문이다.

혹자는 생존과 적응을 통해 종을 유지하는 것이 뇌의 궁극적인 목표이므로 이에 순응하는 것이 진정한 자유라고 말한다. 그렇다면 인류의 생존과 번식을 위해, 나는 오늘도 자손 번식을 위한 기회를 추구해야 하는가?

뇌의 궁극적인 존재 목적인 생존과 적응의 문제와 연결지어 행동해야 한다는 것은 일종의 논리적 오류다. 내가 음주운전을 해 중앙선 침범 사고를 냈지만, 그 책임을 스트레스를 주어 음주를 하게 한 직장 상사에게 있다고 말하는 것과 같다. 뇌의 궁극적인 목표는 개인이 좌지우지 할 수 있는 것이 아니다. 예를 들어 산으로 가고 싶은 사람, 바다로 가고 싶은 사람, 시내로 가고 싶은 사람을 모두 연결하면 이들의 최종 목적지는 어디가 될까? 세 사람의 힘의 벡터가 합산된 곳으로 향하면 결국 산도, 바다도, 시내도 아닌 어딘가로 가고 있을 것이다. 그 어딘가가 궁극적인 목적지이므로 개개인이 추종할 필요가 없다.

　뇌의 본능에 충실하다가 오히려 생존에 지장을 초래하는 경우도 많다. 자연에서 많은 포식자들이 먹잇감의 본능을 활용하여 사냥을 한다. 최근 뇌의 연약한 본능을 이용한 보이스피싱 및 사이버 범죄가 급속도로 늘고 있는 것도 연약한 인간의 본성이 활용당한 결과다. 또한 4차 산업혁명 시대 인공지능과 빅데이터를 기반으로 한 산업은 인간의 본능을 효과적으로 활용하는 마케팅 전략을 사용하고 있는데, 이것을 신경경제학Neuroeconomics이라 한다.[2] 앞으로는 보다 세련되고 합법적으로 당신의 주머니를 털리게 될 것이다.

　논리적 오류 여부나 시대의 적응 문제를 떠나, 전 우주적으로 최고의 발명품인 뇌를 생존과 번식에만 사용하기에는 너무 아깝다. 최신 전자제품을 구매하고도 제품에 대한 무지로 기능을 다

쓰지도 못하고 버려야 한다면 명백한 손해다. 이미 탑재한 기능만 사용할 수 있는 전자제품과 달리, 뇌는 다양한 가능성을 개발하고 추가할 수 있다. 뇌 사용법을 몰라서 인생의 다양한 경험과 기회를 놓친다면 안타까운 일이다.

뇌 과학은 뇌의 한계와 능력에 대하여 연구하는 학문으로서 우리가 뇌를 어떻게 활용하고 미래에 대비해야 하는지 중요한 단서를 제공한다. 나는 뇌 과학 지식을 활용해 뇌 사용 설명서를 만들고 싶었다. 뇌를 무작정 따라가는 것이 아니라 뇌를 가르쳐 더 큰 세상을 볼 수 있도록 발전시켜보는 것은 어떨까? 지금부터 나를 바꾸는 뇌 과학 모험을 시작해보자.

02

뇌의 한계를 알아야
나를 바꿀 수 있다

우리가 알고 있는 대부분의 지식은
사실 '안다는 느낌'에 더 가깝다.

영화 「트루먼 쇼」의 주인공 트루먼은 작은 섬에서 평범한 삶을 사는 30세 보험회사 직원이다. 평소와 다름없는 하루를 보내던 어느 날 트루먼은 기이한 경험을 한다. 하늘에서 조명이 떨어지고, 길을 걷다가 죽은 아버지를 만나고, 라디오에서 자신의 일상이 생중계되는 이상한 일들을 겪자 트루먼은 자신이 사는 세상에 대해 의심하기 시작한다. 진실을 알기 위해 항해를 떠난 그는 결국 자신의 생활을 5000대의 카메라로 전 세계에 중계하던 세트장의 끝에 도달하여 자유인으로 살아가는 선택을 한다.

누구나 어릴 적에 비슷한 의심을 한 적이 있을 것이다. 주변의 사람과 사물이 실은 배우들이거나 허상이 아닐까? 내가 보지 않으면 사라지는 것은 아닐까? 존재한다면 그것은 무엇이며 왜 존재할까? 모두 뇌가 만든 세상과 실존 세계의 차이에 대한 훌륭한 뇌 과학 질문들이다.

그러나 인생 최고의 뇌 과학 질문들은 나이를 먹으면서 점차 사라진다. 뇌를 의심하지 않고 내가 아는 것이 전부라는 착각에 빠져버린 결과다. 그러나 '아는 것들'에 대해 사고실험을 해보면 뇌가 가진 지식은 매우 단편적이고 유치하기 이를 데 없다. 예를 들어 내가 이미 잘 알고 있는 '발해'에 관하여 아는 것을 종이 위에 써보면 분량이 매우 일천하다. 대조영이 세운 고대국가라는 것, 결국 거란족이 대부분인 국가구조의 문제로 망했다는 것, 그리고 KBS 드라마 「대조영」에서 최수종이 주인공을 맡았다는 것 정도의 지식이 전부다. 이렇게 내가 알고 있는 지식보다 알고 있다는 느낌이 항상 훨씬 크다. 시험을 잘 봤다는 느낌은 언제나 실제 시험성적과 차이가 있는 것과 같은 이치다.

왜 그럴까? 대상에 대한 미미한 지식일지라도 뇌가 '안다는 느낌'을 만들기 때문이다. 대상 혹은 사람에 대한 이름, 용도, 나와의 관계만 알아도 뇌는 그것을 안다고 착각한다. 예를 들어 성격 테스트를 하고 나면 우리는 '나의 성격을 알았다'는 느낌이 든다. 그러나 대부분 성격 테스트들은 특정한 사람에 대해 면밀히 분석한 결과라기보다는 설문에 따라 몇 가지 부류 중 하나로 분류한 것에 불과하다. 유튜브의 수많은 5분 강의들이 만족스러운 것은 지식의 양 때문이 아니라 그것이 이용자들에게 아는 느낌을 주기 때문이다.

무지를 통해 과학이 태어났다

뇌가 가진 축복이자 다행스러운 점은 뇌가 대상에 대하여 아는 느낌을 넘어 대상에 대하여 무엇을 모르는지 알 수 있다는 사실이다.

뇌가 아는 느낌을 벗어나 대상에 대한 무지를 깨달았을 때 무지한 대상에 더욱 끌리는 현상을 경험하게 되는데, 이것을 '호기심'이라 한다. 호기심은 아인슈타인의 말대로 창의성의 근원이자 모르는 것을 깨닫는 지혜의 열쇠다. 판도라의 상자를 열게 한 호기심은 인류 역사, 문화, 산업 발전의 원동력이다. 호기심은 무지를 고백한 인간에게 주어진 최고의 선물인 셈이다.

세상에 대한 호기심이 가득하여 깊이 고민하던 사람들이 있었으니 이들을 우리는 철학자라 부른다. 바티칸미술관 벽화에 그려진 라파엘로의 「아테네 학당」[3]은 고대 그리스 철학자와 학자들이 한자리에 모여 세상에 대한 지식을 설명하느라 분주한 모습을 그리고 있다. 본질은 이데아에 있다고 하늘을 가리키는 플라톤과 본

바티칸 미술관 벽화에 그려진 라파엘로의 「아테네 학당」

질은 사물 속에 있다고 말하는 아리스토텔레스, 컴퍼스를 들고 제
자들과 연구하고 있는 유클리드 등 저마다 학문과 이성의 진리를
추구하느라 바쁘다.

　많은 철학자들이 자신이 알고 있는 지식을 바탕으로 자신만의
논리를 설명한 반면, 자신이 모르는 것을 질문하고 알고자 했던
철학자가 있었다. 「아테네 학당」에서 중앙에 홀로 앉아 고민하는
철학자가 보이는데, 그가 바로 기원전 6세기 말 고대 그리스 철학
자인 헤라클레이토스다. 그림을 그린 라파엘로는 헤라클레이토스
의 얼굴에 자신이 존경했던 미켈란젤로의 얼굴을 넣었다고 전해

진다.

헤라클레이토스는 "자연의 원리는 무엇인가?"라는 질문을 던진다. 자연에 원리가 존재하는 것 같은데 그것이 무엇인지 모른다는 무지를 깨달은 결과다. 그러나 답이 떠오르지 않아 늘 울상이었다고 한다. 헤라클레이토스가 '눈물의 철학자'라 불린 이유다. 결국 그는 몇 가지 답을 찾았는데 그것이 오늘날 많은 과학자들이 사용하는 과학적 방법론의 기초가 된다.

그중 첫 번째가 자연은 숨기를 좋아한다는 점이다. 그의 이론에 따르면 자연에는 내재적인 규칙인 '로고스logos'가 있는데 인간은 그것에 대해 알기가 힘들다. 오늘날 과학자들의 임무 역시 숨겨져 있는 원리를 찾아내는 것에 있다고 할 수 있다.

두 번째는 모든 만물의 상태는 양극성을 가진다는 것이다. 밝은 것과 어두운 것, 무거운 것과 가벼운 것, 뜨거운 것과 차가운 것 등 사물의 상태를 정량적 수치로 표현하는 이론적 배경을 제시했다. 오늘날 모든 과학의 방법론은 무게, 온도, 속도 등을 수치화함으로써 물질의 상태를 설명한다.

세 번째로 '만물은 변하고 변하지 않는 것은 없다'라고 했다. '같은 강물에 두 번 빠질 수 없다'라는 격언의 어원이 헤라클레이토스의 주장을 대변한다. 자연의 원리는 보이지 않으나 어떻게 변하는지를 잘 관찰하면 그것을 예측할 수 있다는 과학적 방법론을 제시한 셈이다. 오늘날 모든 과학은 변화의 과정을 추적함으로써

뇌 과학이 인생에 필요한 순간

발전했다.

헤라클레이토스의 발견을 충실히 따른 예를 들어 보자. 사과든 물이든 우리가 아는 모든 사물이 지표로 떨어지는 것을 인간은 오랜 세월 보아왔다. 그러나 그것을 당연하게 여기고 원인이 있다는 사실에 대해선 깊게 생각하지 않았다. 17세기 무렵 아이작 뉴턴 Isaac Newton은 물건이 위에서 밑으로 떨어지는 현상에 분명 원인이 있다고 생각했다(헤라클레이토스의 로고스 원리). 그는 물건이 떨어지거나 이동하는 속도를 측정하여 물건을 땅으로 끌어당기는 힘의 존재와 특성을 파악하고자 했다(헤라클레이토스의 양극성 원리). 물체의 무게와 중력과 속도의 함수관계를 파악하여 그는 세 가지 운동법칙을 완성했다(헤라클레이토스의 만물변화의 원리).

뉴턴의 운동법칙뿐 아니라 현존하는 모든 과학 이론이 헤라클레이토스의 깨달음과 연결된다고 볼 수 있다. 뇌가 만들어낸 사이버 세상에 만족하지 않고 그 너머에 있는 실존세계와 진리에 대한 호기심이 과학의 시작이다.

안다는 느낌이 기회를 막는다

2016년 스위스 다보스에서 열린 세계경제포럼에서 이 포럼의 회장인 클라우스 슈밥 Klaus Schwab은 기조연설을 통해 4차 산업혁명의 개막을 알렸다. 당시 나는 아이디어 랩IDEA Lab 연사로 참석하고 있었다. 연설 중 그는 4차 산업혁명 시대의 중요한 특징 중 하나가 예측불가능성unpredictability이라고 말했다. 당시 클라우스 슈밥의 이야기를 들으면서 나는 "예측하지 못하는 것을 지금 예측하고 있는 것인가?"라는 불신이 생겼다. 이런 불신은 비단 나만 가진 것이 아니었다. 다른 관객들도 세상은 변하는데 예측이 어려운 것은 당연한 것이 아닌가 혹은 '3차 산업혁명' 발표를 제러미 리프킨Jeremy Rifkin에게 **빼앗겨서** 하는 성급한 발표라는 등 뒷말을 남겼다.

그러나 귀국하고서 불과 몇 년 사이 세계적인 4차 산업혁명의 열풍을 경험하면서 나의 생각은 바뀌기 시작했다. 내가 장난감이라 생각했던 전기자동차의 시대가 다가오고, 세탁기에나 장착되는 인공지능이 급속도로 삶 속에 파고들며, 비트코인 등 사전에 없던 단어들이 생산되는 시대. 인공지능을 매개로 지식과 지식, 기술과 기술을 연결하여 우리 연구실에서도 활용하고 있었다. 이러다가 세상이 어떻게 바뀔지 문득 두려운 생각이 들었다.

이것이 당시 클라우스 슈밥 회장이 말한 예측불가능성이다. 단순한 무지가 아니라, 새롭게 열리게 될 세상의 중요한 특징으로서 우리가 무엇을 모르게 될지를 정확히 아는 깨달음에서 나온 지적이었던 것이다. 전통적인 미래학에선 앞으로 무슨 일이 일어날지에 대하여 예측하고자 한다. 그러나 보다 중요한 것은 우리가 모르는 것은 무엇인지, 앞으로 무슨 질문이 가장 중요할지를 파악하는 데 있다.

뇌 과학과 인공지능의 발전으로 점차 뇌를 활용하는 기술도 발전하게 될 것이다. 인공지능은 뇌의 일부 기능을 모방한 것인데, 앞으로 뇌 과학의 발전으로 더 많은 뇌 기능이 밝혀지게 되면 이를 활용한 인공지능은 더욱 발전할 것이다. 소비의 주체인 뇌의 속성을 활용한 공격적인 마케팅으로 인해 과소비를 하고, 자극된 욕구로 스트레스를 받는 일이 많아질 것이다. 이를 대비하기 위해서도 뇌를 이해하는 교육, 뇌를 가르치는 훈련이 꼭 필요한 시점이다.

뇌가 만들어낸 앎에 한계가 있다는 것이 불행이라면 이것을 아는 능력은 축복이다. 무엇을 모르는지 아는 사람은 호기심을 가지고 많은 대상들을 새롭게 만날 수 있다. 시간과 공간과 사람 속에 우리가 모르는 무궁무진한 가치가 숨겨져 있다. 뇌가 그린 그림의 진정한 메시지는 그 그림에 만족하지 말고 진실의 세계에 다가서라는 것이 아닐까?

"지식인들의 논리정연해 보이는 말들은, 때때로 어떻게도 받아들일 수 있는 애매한 의미를 통해 해결하기 곤란한 문제를 회피하려는 일반적인 합의에 불과할 때가 있다. '모른다'라는 솔직한 한마디가 학문의 세계에선 환영받지 못하기 때문이다."

온갖 화려한 수사와 어려운 용어로 치장하지만 실상 들여다보면 아무런 의미도 없는 말들을 습관처럼 내뱉는 지식인들에게 정곡을 날리는 이 말은, 18세기의 철학자 칸트가 남긴 말이다. 칸트는 어쩌면 일찍이 뇌가 만들어낸 '안다는 느낌'에 대해 간파하고 있었는지 모른다.

학생들의 교과서를 보면 공부의 흔적으로 여기저기 줄이 쳐져 있다. 그런데 나는 학생들에게 교과서에 줄 치지 말라고 한다. 대부분 학생들은 아는 내용에는 줄을 치고 모르는 내용은 넘어가서 결국 아는 것만 알고 모르는 것은 여전히 모르는 경우가 많기 때문이다. 기왕 줄을 쳤으면 줄이 없는 부분을 다시 공부하라고 권한다. 늘 틀리는 시험 문제는 거기서 나온다.

나는 학생들에게 '아는 느낌을 내려놓는 경험을 해보라'고 말한다. 알고 있다고 생각한 것이 사실은 느낌일 뿐이라는 것을 아는 순간, 대상에 대하여 진정한 정보를 얻을 수 있다. 내가 안다고 생각하는 가족, 친구, 학문, 자연에 대하여 종이에 적어본다면 정보의 양이 정말 보잘것없음을 금세 깨닫게 된다.

공자는 『논어』의 위정爲政 편에서 '아는 것을 안다고 하고 모르는 것을 모른다고 하는 것이 진정한 앎'이라 했다. 모르는 것을 인정하고 모른다고 하는 것도 중요한 지식이라는 주장이다. 공자의 깨달음은 매우 뇌 과학적이다. 뇌가 모르는 것을 찾아 호기심을 가지고 탐색함으로써 인간의 지식은 축적되고 생존을 유지할 수 있었다.

　그런데 공자도 몰랐던 사실이 있다. 과연 '안다는 것'은 무엇인가? 우리는 아는 것이든 모르는 것이든 그것을 아는 것이 도대체 무엇인지 모른다. 지난 100년간 신경과학의 역사를 돌아볼 때, 우리는 여전히 뇌가 만들어내는 앎 자체에 무지하다. 1 더하기 1은 2라는 것을 알지만 뇌가 어떻게 그것을 계산하는지는 모른다. 우리는 무엇인가 알고 있지만 아는 것이 무엇인지 모른다는 것 또한 알고 있는 셈이다. 따라서 우리는 뇌가 안다고 주장하는 것이 무엇인지 주의 깊게 살펴봐야 한다.

03

내가 아는 것은
대부분 '느낌'일 뿐이다

교만과 겸손은 무지의 양면이다.
한쪽은 무지에 대한 무지,
다른 한쪽은 무지에 대한 자각이다.

"진정한 현자는 무지를 두려워하지 않고 회의를 두려워하지 않으며 수고와 탐구도 두려워하지 않는다. 그가 두려워하는 것은 오직 하나, 자기가 모르는 것을 알고 있다고 생각하는 마음이다."

_레프 톨스토이, 『인생이란 무엇인가』

나는 쉰 살을 넘기면서 '아는 척하는' 증상이 더욱 심해졌다. 상대가 말한 지 10초만 지나도 입이 근질거린다. 상대방 말이 끝나지 않았는데도 이미 다 알고 있다는 듯 말꼬리를 자르고 내 이야기를 시작한다.

상대방이 무엇을 원하는가보다 무엇을 모르고 있는지를 먼저 알아챈다. 소위 말하는 '꼰대'가 돼가고 있는 것이다. 꼰대란 학생들이 은어로 '늙은이' 혹은 '선생님'을 이르는 말이다. 꼰대의 신기한 특징은 세상 모든 것을 알고 있다는 듯이 설명하는 데 있다. 자신의 경험을 일반화하여 안다는 느낌으로 충만해져 있는 상태다.

내게 꼰대 증상이 있다는 것을 안다면 이미 꼰대가 아닐 것이므로 스스로 진단하는 것이 중요하다. 다음과 같은 기준에 자신이 세 가지 이상 속한다면 꼰대에 속할 수 있다.

1. 듣는 시간보다 말하는 시간이 길어진다.
2. 한번 이야기할 때 같은 내용을 세 번 이상 반복한다.
3. 상대방의 말이 끝나지 않았는데 하고 싶은 말이 떠오른다.
4. 나의 경험을 일반적인 것으로 포장한 뒤 상대방도 동의하기를 원한다.
5. 상대방이 나와 대화하는 것을 피한다.
6. 위의 사실을 본인만 모른다.

이러한 꼰대 증상과 유사한 속성이 우리 뇌에 있다. 나는 강의를 할 때 이 신경을 우스갯소리로 '꼰대신경' 혹은 '아는 척 신경'

이라 부르고는 한다. 이런 뇌의 속성은 신경과학적으로 매우 중요한 현상이다. 대상이나 상황에 대하여 지식과 능력이 부족함에도 안다는 느낌을 만들어내는 뇌의 능력이기 때문이다.

앎의 느낌을 만들어내는 '아는 척 신경'은 생존과 적응을 돕는 장점도 있다. 예를 들어 먹을 것을 보고 바로 먹으면 되는데 겸손하게 '나는 그것의 성분이나 기타 정보를 모르니 자세히 알아본 뒤 먹겠다'는 마음을 먹는다면 자연 속에서는 발견한 먹잇감이 도망가거나 먹잇감을 다른 경쟁자에게 빼앗길 것이다.

'아는 척 신경'은 최소한의 데이터를 활용해 의사결정을 빨리 할 수 있도록 돕는다. 인간은 배추가 먹을 것이라는 사실을 알게 되면 뇌는 금세 이 사실을 일반화하여 처음 보는 시금치도 먹는 것임을 알아챈다. 그러나 인공지능은 배추가 먹을 것이라고 수백 번 학습하더라도 시금치를 보여주면 먹을 수 있다는 것을 인식하지 못한다. 시금치가 무엇인지 다시 수백 번 학습해야 먹을 것임을 안다.

느낌에 의한 빠른 의사결정이 언제나 이익이 되는 것은 아니다. 우리가 주식 투자 타이밍에 매번 실패하는 것도 바로 이 느낌 탓인 경우가 많다. 분명 오를 것이라 생각해서 샀는데 주식은 떨어진다. 논리적으로 따져보았다면 해당 주식이 오를 리가 없다는 것을 알았을 텐데 '느낌'으로 매수하고 손해를 보게 되는 경우가 많다. 예전에 비슷한 상황에서 수익을 낸 경험이 매수 타이밍이라는 느낌을 만들기 때문에 일어나는 현상이다.

우리는 언제 아는 느낌으로 충만해지는 걸까? 뇌 속에 존재하는 '아는 척 신경'의 작동 원리를 살펴보자.

원리1: 정보 최소량의 법칙

내가 그의 이름을 불러주었을 때,

그는 나에게로 와서

꽃이 되었다.

아름다운 시 김춘수의 「꽃」은 신경과학적으로 어떻게 아는 느낌이 형성되는지 잘 설명해준다. 꽃이라 이름만 불러줘도 뇌에는 의미가 있는 대상이 된다는 것이다. 꽃의 품종과 생리와 모양에 대해 구체적으로 알 필요는 없다. 꽃은 예쁘고, 자세히 보면 더 예쁘게 보이는 대상이므로 그것으로 충분하다. 이렇게 앎의 느낌은 매우 불완전한 지식으로도 가능하다.

어린아이에게 꽃을 처음으로 보여주면 아이는 "이건 뭐야?"라고 질문한다. "이것은 꽃"이라고 말해주면 "응~ 꽃!" 하고 대답한다. 그러곤 또 다른 대상을 향해 동일한 질문을 반복한다. 실상 아이는 꽃에 대해 '꽃'이라는 것 외에는 알지 못한다. 어느 나무의 꽃인지, 꽃이 생식기관인지, 꽃의 구조에 숨어 있는 황금비율이나 프랙털,[4] 유전정보에 대해선 궁금해하지 않는다. 꽃이라는 이름만 알아도 아이의 뇌는 안다는 느낌으로 충만해진다.

왜 뇌는 최소한의 지식을 통해 작동하는 것일까? 제한된 에너지로 하나에 대해 많이 아는 것보다 많은 것에 대해 필요한 것만 아는 것이 생존에 훨씬 도움이 되기 때문이다. 물론 많은 것에 대해 많이 아는 것이 가장 좋다. 그러나 이것은 뇌의 전략과 거리가 멀다. 뇌 친화적 학습은 입력되는 지식의 양을 늘리는 것이 아닌, 적은 지식으로 아는 힘을 키우는 데 있다.

예를 들어 인공지능 알파고AlphaGo[5]와 이세돌의 바둑대결에서 알파고는 원자력 발전소에서 하루에 생산하는 에너지의 10분의 1을 사용한 반면, 이세돌은 10와트 정도의 에너지만을 사용했다. 이세돌이 인공지능과 같은 방식으로 신경회로를 100퍼센트 가동했다면 발생하는 열로 인해 기절하거나 사망했을 것이다.

이세돌은 모든 수를 다 두어본 것이 아니라 경험상 몇 가지 수를 찾아 그중에 하나를 직관적으로 선택하는 방법으로 한 수 한 수를 두어나갔다. 전체 스코어는 3 대 1로 패했지만 결국 한 판을 이겼고, 그것이 세계 최초이자 마지막 인간의 승리가 된다. 인공지능이 뇌를 모방했다고 하나 뇌의 문제 해결 방식과는 근본적으로 다른 것이다.

자녀가 공부를 하지 않아서 걱정이라는 부모님들을 만날 때면 나는 '자녀들은 공부를 못하는 것이 아니고 안 하는 것'이라고 웃으며 말하고는 한다. 평생 앎의 지평을 넓히기 위해 과도한 지식을 절제하고 있는 것이다. 영화「기생충」에서 깨달음을 얻은 아빠가 말했듯이 우리 아이들은 다 계획이 있다.

원리2: 본능 연결의 법칙

세 가지 방이 있다. 당신이 죄를 지어 벌로 한 곳을 골라 들어가야 한다고 가정해보자. 첫 번째 방에는 칼 쓰는 닌자가 있고, 두 번째 방에는 한 달 굶은 사자가 있고, 세 번째 방에서는 연기가 새어 나오고 있다. 당신은 어떤 방을 선택하겠는가?

강연을 하면서 이 질문을 청중에게 던지고 답을 들어보면 첫 번째와 세 번째 방에 들어가겠다는 사람이 가장 많다. 닌자는 사회적 대상으로서 말로 설득할 수 있고, 세 번째 방에 난 불은 내가 끌 수 있기 때문이라는 것이다. 반면에 사자는 내가 말로 설득할 수 없고 인간에게는 기본적으로 포식자에 대한 본능적인 두려움이 있어 선택하는 이가 적다.

그러나 생존율이 가장 높은 방은 두 번째 방이다. 한 달을 굶은 사자는 탈수 증세로 움직이지 못하거나 혹은 죽은 상태일 수도 있기 때문이다. 그렇지만 사람들은 대체로 두 번째 방을 선택하지 않는다. 우리의 뇌가 본능적으로 포식자에 대한 두려움을 발동해 편견을 가지고 상황을 해석하기 때문이다.

뇌가 본능과 연결된 지식을 쉽게 기억하는 것도 같은 이유다. 발해 멸망 연도 926년은 외우기 어렵지만 '구둣발(9, 2)로 6번 밟혀 망했다'고 하면 오래도록 기억할 수 있다. 926년이라는 연도가 구두나 폭력과 같은 생존과 관련된 이미지와 연결되었기 때문이다. 이렇게 본능과 연결 지어 듣는 사람들로 하여금 안다는 느낌을 주는 것은 강연에서 활용하는 중요한 테크닉이기도 하다.

"발해가 몇 년에 멸망했는지 아니? (호기심 자극) 소수의 귀족과 다수의 거란족으로 이루어진 구조적인 모순을 이기지 못하고 서기 926년에 6번의 전투 끝에 거란족의 말발굽에 밟혀 망하고 말았지 (관객: 숫자가 나오므로 관객들이 어려워한다). 쉽게 말하면, 구(9) 두(2) 발로 여섯 번 밟혀 망한 거야 (관객: 하하하). (의미심장한 표정을 지으며) 우리 한민족이 수천 년을 이어온 만주 지역의 역사를 상실한 것이 926년이야."

실제로 강연에서 생소한 내용이라도 우리나라 역사나 나의 생존과 연관 지으면 쉽게 이해되고 명강의처럼 들린다. 소위 명강사로 성공하기 위해서는 청중에게 지식을 전달하는 것보다 안다는 느낌을 갖도록 하는 것이 더 중요한 이유이기도 하다.

사회적 관계도 마찬가지다. 뇌의 입장에선 개인의 상세한 정보는 필요 없다. 나와의 관계 속에서 원수와 친구, 동료와 경쟁자, 나를 좋아하는 사람, 내가 좋아하는 사람 등으로 구분하는 최소한의 정보만 있으면 된다.

예를 들어 연애도 매우 부실한 양의 정보로 시작된다. 내 가슴이 두근거린다는 한 가지 사실만으로 상대를 좋아한다고 느끼며 상대의 혈색과 표정의 미묘한 변화를 통해 상대방도 나를 좋아한다고 판단한다. 이 모든 과정이 몇 초 이내에 결정되어 연애가 시작될 수 있다. 연애를 시작한 시점을 기준으로 여자의 뇌는 연애한 지 평균 3개월, 남자의 뇌는 만난 지 30분 만에 잠자리를 함께할지를 고민하는 것으로 알려졌다.

검은 머리가 하얗게 세도록 함께 지내겠다고 결심하고 결혼을 해도, 신혼 기간이 지나면 일정 부분 후회를 하게 된다. 결혼 전에 몰랐던 보다 상세한 정보를 접하면서부터다. 이혼을 결심하는 가장 많은 이유가 성격 차이인데, 그렇다면 성격도 잘 모르고 성급하게 결혼을 결정했기 때문에 이혼율이 증가하는 것인가? 그렇다면 이혼은 연애 기간과 반비례해서 나타나야 할 것인데 실제론 그렇지 않다.

부부간 갈등의 근원은 무엇일까? 뇌 속에선 나를 사랑하고 나를 위해 봉사하는 사람이라고 기록되어 있다. 그러나 어느 순간, 뇌가 만들어놓은 정보와 실제 상황이 불일치할 때가 있다. 한순간 내뱉은 불친절한 말, 모욕적인 태도, 이기적인 행동을 보면 뇌는 매우 당황한다. '나를 위해 헌신하겠다 약속한 당신이 어떻게 저런 행동을 할까?' 뇌가 알던 정보와 실제 상황이 불일치하면서 화가 나는 것이다. 내가 화를 내면 배우자의 뇌 속에서도 불일치가 일어나고 더 큰 다툼으로 이어진다. 내가 만들어놓은 배우자에 대한 정보가 현실과 다를 수밖에 없다는 것을 깨닫지 못하면 부부간 분쟁은 해결되지 못한다. 그리고 이런 불일치 현상은 서로의 책임이기도 하다. 결국 성격 차이는 뇌와 현실의 차이라고 할 수 있다.

그래서 소크라테스도 말하지 않았을까? "결혼해라! 결혼해도 후회하고 하지 않아도 후회할 테니." 그러나 결혼이 뇌의 자기 중심적 한계를 깨달을 수 있는 기회가 된다면, 한 후에 후회하는 것이 더 낫다고 생각한다. 원만한 부부관계를 위해서 배우자 뇌 속에 있는 내 모습에 나를 맞추도록 노력하는 것도 중요하지만, 배우자를 나에게 봉사하는 대상이 아닌 확장된 나의 일부로 생각하도록 뇌에 가르치는 것도 중요하다. 부부는 한 몸이라 하지 않던가.

원리3: 일반화의 법칙

아이들은 하나를 가르치면 열을 안다. 어느 날 식탁에 둘러앉아 닭고기를 먹다가 세 살 아들이 닭발을 가리키며 '손'이라고 했다. 사람의 손을 가르쳐줬을 뿐인데 응용을 한 것이다. 내 아들이 천재일지 모른다는 느낌이 들었다. 물론 동시에 내가 닭의 손을 먹고 있다는 느낌이 들어 입맛이 떨어졌지만.

아이에게 나무를 가르쳐주면 유사한 모양의 전혀 다른 나무도 나무라 부른다. 개와 고양이를 한번 가르쳐주면 수많은 품종의 개와 고양이를 0.1초 안에 개와 고양이로 구분한다. 이렇게 대상의 일부 정보를 활용해 머릿속에 나머지를 그리는 능력을 '패턴완성 pattern completion'이라 한다. 뇌의 패턴완성 기능으로 우리는 세상의 모든 것을 종류대로 분류할 수 있다.

심리학자 도널드 헵스Donald O. Hebbs는 신경들의 연결로 패턴완성 기능을 설명했다. 대상에 대한 자극으로 인해 다양한 신경이 흥분하는데 흥분된 신경들 간의 연결인 시냅스가 강화된다는 '시냅스 강화' 이론이다. 관련된 신경들이 서로 연결되어 있기에 그들 중 하나만 자극되어도 전체 그림이 뇌에 그려질 수 있다.

낫을 보고 기억 자를 떠올린다든지 코끼리의 다리나 코만 보여줘도 코끼리 몸 전체를 생각할 수 있게 되는 것이다. 아들이 닭발을 손이라고 했을 때 입맛이 떨어진 이유도 손은 사람의 신체를 뜻하므로 순간 사람을 먹고 있다는 느낌으로 일반화되었기 때문으로 설명할 수 있다.

패턴완성을 통한 일반화는 최소한의 정보로 대상을 알게 되는 장점도 있지만 단점도 있다. 처음 보는 사람인데도 느낌만으로 '나쁜 사람'으로 분류해버릴 수가 있다. 그 사람의 일부 특징이 과거 내가 원수처럼 생각하는 이를 떠올리게 하는 패턴완성 때문이다. 반대로 실력이 없는 사람인데도 과거에 만났던 유능한 사람과 공통점이 있어 '좋은 사람'으로 여기는 경우도 있다.

뇌는 패턴완성의 단점을 보완하는 기능도 갖추고 있다. '내 기억 속 그놈'과 '내 눈 앞의 이분'이 닮았어도 서로 다른 사람으로 구별할 줄 아는 능력을 패턴분리pattern separation라고 한다. 비슷한 그림에서 차이점을 찾아내는 게임이 가능한 것도 다른 것을 골라내는 패턴분리 능력 덕분이다.

물론 패턴분리가 과도해도 문제가 생긴다. 로마린다메디컬센터Loma Linda Medical Center에서는 스트레스를 진단할 때 두 마리 돌고래를 보여주고 미세한 차이점을 말하라고 한다. 스트레스가 심한 환자일수록 차이점을 많이 말한다고 한다. 세상은 근본적으로 불평등한데, 패턴분리 기능으로 나와 남의 차이를 구별하고 민감하게 대응하면 그만큼 삶이 순탄치 못하게 된다. 반면 패턴분리가 잘 안되는 경우도 있다. 우울증이나 공황장애는 자신이 겪은 과거와 현재의 패턴분리가 잘 안되는 상황이라고 말할 수 있다.

우리가 어떤 대상을 아는 것은 대상에 대한 깊은 지식이 아니라, 유사성과 다름에 근거한 분류 정보 혹은 일반화된 정보일 가능성이 높다. 즉, '먹는 것과 비슷하다', '내가 경험했던 나쁜 사람과 비슷하다', '내가 원하는 것과 조금 다르다' 정도의 단순 정보라는 뜻이다. 따라서 중요한 의사결정을 내릴 때 이러한 느낌에 의존해서는 안 된다.

뇌 과학이 인생에 필요한 순간

원리4: 동조화의 법칙

신혼여행으로 제주도에 갔다. 당시 최대의 실수는 패키지여행을 선택한 것이었다. 비용은 저렴했지만 여행 중에 상당히 많은 시간을 매장에서 강의를 듣는 데 할애해야 했다.

가장 기억에 남는 강의는 오미자 강의였다. 오미자가 고혈압, 당뇨 등 성인질환에 탁월한 효과가 있으니 부모님께 꼭 선물해야 한다고 했다. 처음에는 강매를 당하는 것 같아 기분이 나빴는데, 동행한 부부들이 고개를 끄덕이면서 오미자를 사기 시작하자, 나도 부모님의 건강을 위해 반드시 오미자를 사야겠다는 생각으로 충만해졌다. 매장 주인의 설명으로 몇몇 손님이 오미자의 효능에 대해서 '안다는 느낌'을 갖게 되었고 그 느낌이 동료들에게도 전파되어 다 같이 지갑을 열게 된 것이다. 그중 단 한 부부만이 오미자를 구매하지 않았는데 매우 미안한 듯, 불편한 듯 자리를 피하는 모습을 보았다. 가이드는 '저희 부모님도 오미자를 먹고 건강해지셨습니다'라고 추임새를 넣어 고객들의 생각이 동조화되도록 유도했다.

사람들은 마치 서로 무선으로 연결되어 있는 것 같다. 같이 하품을 한다든지, 동시에 같은 말을 한다든지 한다. 동일한 자극을 받으면 동일한 반응이 나타나는 경험이 있을 것이다. 로맨스 영화나 드라마를 집중해서 보다 보면 나도 모르게 자극을 받아 동일한 반응이 나타나기도 한다. 남자 주인공이 여자 주인공 어깨에 손을 올리면 그것을 보는 여성들의 어깨가 따뜻해지고 남성들은 손바닥이 따뜻해진다. 누군가 확신과 믿음을 가지고 이야기하면 진실 여부를 떠나 그것에 대해 나도 강하게 동의하는 느낌을 받는다. 뇌 속에 거울신경이 있어 사회적 동조화가 일어나 상대의 경험을 나의 것으로 인식하기 때문이다.

이러한 생각의 '동조화 원리'는 인류 문명의 발전에 큰 이바지를 했다. 세상의 동물들 중에서 서로의 생각을 읽는 동조화가 가장 발달한 동물이 인류다. "저쪽 숲에 갔더니 열매가 더 많아"라는 주장에 동조하는 것이 무시하는 것보다 기회비용이 크다. 역사학자 유발 하라리Yuval Noah Harar는 그의 책『사피엔스』에서 인류의 최대 실수이자 변혁인 농업혁명은 "수렵보다는 농사를 지어 식량을 많이 만들면 부자가 된다"는 주장에 동조한 결과라고 설명한다. 우리는 스스로의 검증을 넘어 남들의 지식이나 경험을 나의 것으로 받아들이는 능력이 있다. 물론 단점도 있다. 감언이설에 넘어가 잘못된 판단이나 투자를 하거나, 보이스피싱 같은 범죄에 취약해질 수 있다. 또한 이념에 동조화되어 서로 다른 앎의 체계가 충돌하여 사회갈등을 유발하기도 한다.

시베리아 지역에 사는 레밍들은 무리지어 따라다니는 본능이 있는데, 만일 선발대가 우연히 절벽을 만나 떨어지면 뒤따르던 레밍들도 함께 추락하여 사망한다. 나의 결정이 동조화에 의한 것은 아닌지 매 순간 점검해볼 필요가 있다. 특히 사회적 게임에서 동조화된 의사결정은 대부분 결과가 좋지 않다. 주식에서도 남들이 사는 때가 고점일 수 있고 남들이 파는 때가 저점일 수 있다. 주식에서 남들이 돈 벌었다고 하는 사업이 내게는 이미 늦은 경우가 많다. 2005년 출판된 『블루오션 전략Blue Ocean Strategy』에서는 성공하기 위해서 경쟁이 없는 새로운 시장을 창출하고 발전시키라고 말한다. 물론 모든 사람이 새로운 것을 찾아 블루오션 전략을 사용할 때, 이에 동조화되지 않고 이미 있던 것을 택하는 역발상도 블루오션 전략이다.

오늘날 대한민국은 극심한 사회적 대립으로 몸살을 앓고 있다. 특히 정치적으로 같은 성향에 있는 사람들끼리 생각이 동조화되어 다른 생각을 공격하는 것이 당연하게 여겨지고, 정치인들은 선거 때 표를 얻기 위해 이를 활용할 수밖에 없는 악순환이 계속되고 있다. 매일 올라오는 갈등과 논쟁이 뇌가 착각하는 앎의 느낌으로부터 온 것이라면 해결책은 있다. 스스로 공격성을 돌아보고 서로가 가진 정보들을 진지하게 고민해보는 것이다. 자신의 뇌 속에 스스로 만들어놓은 가상의 악마를 상대로 섀도 복싱을 하는 것만은 멈출 수 있을 것이다.

현명한 뇌는
지식의 양을 추구하지 않는다

마르셀 프루스트의 『잃어버린 시간을 찾아서』에는 기억의 연결에 대한 훌륭한 장면이 나온다. 주인공 폴은 마들렌을 한 입 베어 먹는 순간 어릴 적 추억들을 물밀듯 떠올린다. 마들렌이 입천장에 닿는 순간 과거의 기억이 몸속 깊은 곳에서 솟구쳐 올랐고 마음과 감정을 휩쓴다. 폴의 뇌에 숨어 있던 다양한 기억들이 소환되는 순간이다. 흥미롭게도 책에 기록된 기억들은 대상에 대한 모든 것이 아니고 자신과 연결된 몇 가지 선택된 정보들이다.

뇌가 모든 것을 기억하지 않는 이유는 무엇일까? 우선 뇌 속에 담을 수 있는 세상의 지식이 얼마나 되는지부터 살펴보자. 2007년 《사이언스》[6]에는 1986년 이후 축적된 세상의 모든 지식의 양에 관한 논문이 보고되었다. 세상에 문자로 된 총 지식의 양은 295엑사바이트(EB, 1018바이트)로 하드디스크 12억 개 분량이며 책으로 만들면 미국과 중국 땅을 6층 높이로 덮을 수 있다. 책장을 1초에 한 장씩 넘기며 스쳐 지나가는 데만 약 12억 년 이상 걸리는 양이다.

물론 여기에 알려지지 않은 자연의 지식은 넣지 않았다. 따라서 인간이 평생 습득한 지식의 양을 전체 지식의 양으로 나누면 언제나 0에 수렴한다. 최고 지성인의 뇌나 나의 뇌나 정보량으로 보면 도토리 키 재기인 셈이다. 지식 축적이 뇌의 목표가 될 수 없는 이유다. 뇌는 지식을 축적하여 업무를 수행하기보다는 목표로 정해진 업무를 수행하기 위해 필요한 최소한의 지식을 추구하도록 되어 있다.

만일 자동으로 세상의 모든 지식을 뇌 속에 주입할 수 있다면 무슨 일이 벌어질까? 만약 그런 일이 일어난다면 인간은 죽음에 이른다. 1961년 IBM 연구원 란다우어가 제안한 '란다우어의 원리'에 따르면 모든 정보는 열을 발산한다.[7] 2012년 독일 물리학자 에릭 루츠Eric Lutz 박사는 1바이트의 정보가 사라질 때 실제로 $2.853275 \times 10-21$줄Joul가량의 열에너지가 방출됨을 확인했다. 정보처리가 많을수록 열이 많이 난다는 란다우어의 원리를 증명한 것이다.

신경세포가 정보처리를 하려면 생체에너지인 ATP(아데노신삼인산)를 분해해야 하고 이 과정에서 2880킬로줄의 에너지가 나오는데, 이때 쓰고 남은 에너지가 열로 발산된다. 뇌가 정보처리 능력을 최대치로 발휘한다면 그만큼 ATP를 많이 사용하고 열이 많이 발생해 신경세포와 뇌의 수명이 짧아질 것이다.

뇌가 시간, 공간, 사물에 대한 모든 지식을 저장하는 데 한계가 있기 때문에, 마치 정수기 필터처럼 거르는 장치가 있어서 뇌는 생존과 적응에 꼭 필요한 정보만을 알기 원한다. 따라서 뇌 속에 존재하는 지식의 양은 실제 세상의 지식과는 비교할 수 없을 정도로 적고, 내가 느끼는 것보다 결코 크지 않다.

　뇌는 세상의 모든 지식을 담을 수 없지만 최소한의 지식으로 뇌 속에 자신이 생존할 수 있는 완벽한 세상을 만들어놓고 있다. 같은 상황을 두고 이야기를 하다가도 상대방이 화를 내는 이유는 그의 뇌가 담고 있는 최소한의 지식이 나의 것과 다르기 때문이다. 예를 들어 정치의 세계에선 진보와 보수라는 두 개의 큰 프레임이 자리 잡고 있다. 뇌 속에 만들어진 정의와 자유의 개념이 서로 다른 것을 이해하면 좋은데, 그렇지 못하니 상대방이 사라져주면 좋겠다고 생각하고 늘 싸우게 된다. 뇌 속에 만들어진 세상을 관찰하여 그 한계를 깨닫는다면 실제 세상과 뇌 속의 세상 사이 간극에서 오는 부작용을 최소화 할 수 있을 것이다.

04

뇌가 만들어낸
세상의 비밀

뇌 속에 존재하는 아바타 세상

뇌 속의 지식이 완전하지 않음에도 왜 우리는 알고 있다는 착각에 빠져 살까? 뇌가 신경의 정보로 만들어낸 아바타 세상을 보고 있기 때문이다.

뇌의 의식기능은 세상으로부터 들어온 감각 신경 정보를 해석하여 느낄 수 있도록 해준다. 여기에 저장되어 있는 정보들을 추가하여 뇌 속의 아바타 세상이 완성된다. 실제 세상은 하나이지만 뇌 속에 만들어진 세상은 사람마다 다른 이유다.

트위터 이용자 앨리샤 마리Alicia Marie는 2017년 7월 12일 운동화 사진 한 장을 올렸다. 그는 게시물에 "이 운동화와 신발 끈이

Alicia Marie @ @AliciaMarieBODY · 2017년 10월 12일

WHAT COLOR ARE THESE SNEAKERS/LACES? 🤔😁👤

♡ 59   ⇄ 86   ♡ 73   ⬆

트위터에 올라와
사람들을 혼란에
빠뜨린 신발색 질문.

무슨 색일까?"라고 적었다. 당신은 사진 속 신발이 어떤 색으로 보이는가? 회색 바탕에 민트색 줄무늬와 신발끈을 가진 신발로 보이는가, 아니면 핑크색 바탕에 흰색 줄무늬와 신발끈으로 보이는가? 사람마다 다르다.

비록 내 눈에는 회색과 민트색으로 보이더라도 다른 사람 눈에는 핑크색과 흰색으로 보일 수 있다. 같은 것을 보고도 사람마다 다르게 느끼는 현상을 철학자 클래런스 어빙 루이스Clarence Irving Lewis는 '퀄리아(감각질)'라고 정의했다. 같은 대상이라도 사람마다 조금씩 다르게 느끼는 이유도 의식이 감각 신경신호를 해석하는 방식이 사람마다 다르기 때문이다.

뇌 과학이 인생에 필요한 순간

진실을 보기 위한 거짓말

사물에 해당하는 영어는 오브젝트다. 그리고 오브젝트의 형용사는 오브젝티브objective로 '객관적인'이란 뜻이다. 그런데 과연 뇌속에서 일어나는 오브젝트 인식은 객관적일까? 3차원 인식을 예로 들어보자. 눈의 망막에 투영되는 시각정보는 기본적으로 2차원이다. 시각신경이 빛의 양에 따라 신경신호를 만들어 뇌로 보내면 뇌는 2차원 전기신호를 통해 3차원 세계를 구성한다. 2차원을 3차원 감각으로 바꾼 것이므로 이것은 분명 주관적인 과정이다. 그러나 원래 세상이 3차원이므로 결과적으로 3차원 세계를 객관적으로 인식했다고 말할 수도 있다.

여기까지 읽은 당신은 질문할지 모르겠다. "말장난 같다. 결국 3차원을 그대로 3차원으로 인식하는 것 아닌가?" 나의 부족한 설

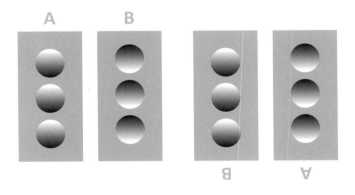

명을 보충하기 위해 다음 그림을 보자.

이 그림을 보고 우리는 크게 두 가지 사실을 알 수 있다. 첫째, 그림은 종이 위에 그려져 있는 2차원이다. 그러나 뇌는 A는 볼록으로 B는 오목으로 즉, 3차원으로 느낀다. 그림자가 있기 때문이다. 3차원 사물은 모양에 따라 그림자를 만드는데 이 원들은 그림자가 있기에 뇌가 3차원 물체로 여긴다.

둘째, A와 B 그림이 서로 다르게 보인다. 그러나 사실 B는 단지 A를 180도 돌려놓은 것이다. 두 그림을 동시에 뒤집어 보면 이러한 사실을 확인할 수 있다. 이제 A는 오목으로 보이고 B가 볼록으로 보인다. 이렇게 2차원을 3차원으로 보는 것, 그리고 같은 3차원이라도 방향에 따라 다르게 보는 것 역시 모두 뇌의 주관적인 인식이다.

다만 그 주관적인 인식은 현실을 모방하는 방향으로 이루어진다. 예를 들어 자연에서는 태양이 하늘에 있기에 볼록한 물체의 그림자는 늘 사물의 아래쪽에 있다. 그리고 움푹 파인 물체는 그림자가 위쪽에 있다. 2차원으로 보았을 때, 그림자의 위치에 따라 3차원 이미지를 다르게 인식하도록 이미 세팅되어 있다. 뇌가 인식한 오브젝트와 실제 사물이 비슷하게 보일지라도 그것은 의식의 뇌가 데이터를 조작해낸 결과다. 뇌의 의식기능은 이렇게 오브젝트 세상과 실존 세상을 일치시키는 데 중요하다.

생각과 현실이 달라질 때

뇌가 아무리 세상을 현실과 비슷하게 인식하려 노력해도 결국 경험한 정보와 실제 세상은 차이가 있을 수 있다. 그런데 누군가 이 차이를 지적하면 생각이 틀릴 수 있다는 것을 깨닫고 생각을 바꾸려 하기보다 내가 맞다면서 고집 피우는 행동을 한다. 미국의 사회 심리학자 레온 페스팅거Leon Festinger는 이러한 상황을 인지부조화cognitive dissonance라고 한다.[8]

레온 페스팅거는 1957년 실험에서 학생들에게 매우 반복적이고 하기 싫은 일을 맡겼다. 그리고 과제를 한 뒤 밖에 나가면 "실험이 재미있었다"라고 말하라고 지시했다. 이에 대한 보상으로 몇몇 학생들에게는 20달러를 주고 다른 몇몇 학생들에게는 1달러를 주었다. 예상하기로는 20달러를 받은 학생들이 보상이 크기 때문에 일을 긍정적으로 생각할 줄 알았는데, 오히려 1달러를 받은 학생들이 더욱 긍정적으로 받아들이고 다른 사람에게 이야기했다.

나중에 속내를 들어보니 20달러를 받은 학생들은 그 실험이 재미가 없었다는 것을 분명히 알고 있었고 보상이 크기 때문에 얼마든지 다시 할 의향이 있다고 했다. 그런데 1달러를 받은 학생들은 거짓말 한 것에 대한 갈등과 긴장이 심했다. 1달러라는 불충분한 보상을 정당화하기 위해 스스로 일이 재밌다는 설득을 해야 하는 인지부조화 현상이 일어났기 때문이다.

학생들의 학점 평가에도 비슷한 일이 일어난다. 학점을 낮게 주면 평가가 낮게 나올 것 같지만 실제로 경험한 바에 따르면 학점과 관계없이 배운 것이 많다고 평가를 하는 학생의 수가 늘어난다.

더운 여름 날 굶주린 여우는 높은 가지에 매달린 포도를 보았다. 여우는 먹음직하게 익은 포도를 따 먹으려 온갖 노력을 해보지만 먹는 데 실패한다. 그러자 여우는 발길을 돌리며 이렇게 말했다. "저 포도는 분명히 실 거야."

가령 우리가 잘 알고 있는 이솝우화 여우와 신포도 이야기도 여우가 겪는 인지부조화 현상에 대한 이야기다. 포도가 높이 달려 있어 먹지 못하는 상황을 포도가 실 것이므로 자신이 먹지 않는다고 의미를 부여한 것이다.

이렇게 인지부조화를 만들어내는 것이 뇌의 속성이지만 때로는 그것을 극복하는 것도 뇌의 기능이다. 내가 어릴 때 밤늦게까지 다방 영업을 하는 일이 사회적 문제로 지적되던 때가 있었다. 어느 정도로 큰 문제로 인식되었느냐면, 텔레비전에서 심야다방 운영에 관해 토론을 나눌 정도였다. 나는 우연히 채널을 돌리다 토론을 시청하게 되었는데, 한 진영에서는 심야다방이 퇴폐와 불법의 온상이므로 없애야 한다고 주장했다. 그리고 다른 한편에서는 운영에 찬성을 했다. 토론은 생방송으로 진행되었는데, 사전

투표에서는 대다수의 사람들이 심야다방을 없애야 한다는 의견에 표를 던졌다. 토론이 한창 진행되던 때 운영에 찬성하는 측에 있던 한 변호사가 그림을 하나 보여주었다. 그림 속에는 커다란 나무에 올빼미와 참새 등 다양한 새들이 앉아 있었다. 변호사는 이야기를 시작했다.

"어느 나무든 다양한 새들이 찾아올 수 있습니다. 나무를 찾아오는 새들 중에 나쁜 새가 있다면 새를 비난해야지 나무를 비난할 수는 없지요. 저는 지방에서 서울에 올라와 지내던 고학생이었습니다. 처음으로 서울에 올라왔던 날 새벽, 가진 돈으로는 숙소를 구할 수 없어서 심야다방에서 보낸 밤을 저는 잊을 수 없습니다. 심야다방은 칠흑 같은 밤 돈 몇 푼으로 어떤 곳도 갈 수 없는 사람들에게 문을 열어주어 잠시 쉴 곳을 제공하는 역할도 하고 있습니다. 물레방앗간이 불륜의 장소로 이용된다고 해서 물레방앗간을 모두 없애는 우를 범해서는 안 됩니다."

결선 투표에서 방청객 대다수가 심야다방 운영은 무죄라는 판결을 내렸다. 그런데 내가 이 이야기를 기억하는 이유는 그 변호사가 논쟁을 잘해서만이 아니다. 토론을 통해서 사람들이 생각했던 심야다방과 실제 심야다방의 역할 사이에 간극, 즉 인지부조화가 생겼는데 사람들이 자신의 생각을 바꾸었다는 점이다.

뇌 속에서 인지부조화가 일어났을 때 해결하는 방법은 두 가지다. 첫째, 나의 주장에 맞도록 사실을 왜곡하거나, 둘째, 나의 생각을 사실에 맞추면 된다. 후자가 합리적이지만 대부분의 사람은 전자를 택한다. 나는 누군가와 토론을 하는데 이미 잘 설명했는데도 상대방이 화를 내고 억지를 쓰면 '아, 인지부조화 현상이 나타났구나'라고 생각하며 너그럽게 이해하려 애쓴다. 그리고 어렸을 때 텔레비전에서 본 변호사처럼 사람들의 인지부조화를 멋지게 바꾸지 못한 나의 능력을 탓한다.

뇌 과학이 인생에 필요한 순간

05

욕망에 빠진
뇌 구출하기

유혹이 머릿속에 날아다니는 것을 막을 수는 없지만
머리 위에 둥지를 트는 것은 막을 수 있다.

초등학교에 들어가 입학식을 하던 날 선생님께서 말씀하셨다.

"내일 아침에 이 봉투에 변을 담아 오세요. 질문 있나요?"

나는 손을 들고 내 인생 최초의 학문적인 질문을 했다.

"선생님 똥이 안 나오면 어떻게 하나요?"

다들 웃었다. 실제로 우리는 언제 똥이 나올지 모른다. 소화된 음식이 직장에 도달한 다음 뇌에 신호를 보내어 화장실에 갈 때를 알려주어야만 알 수 있다. 내 질문에 선생님께서는 말씀하셨다.

"지금 중요한 질문을 했어요. 똥이 안 나오면 어떻게 할까요? 똥이 나올 때까지 기다리세요. 여러분 할 수 있지요?"

나는 그날을 잊을 수가 없다. 기다림이 답이 될 수 있다니!

뇌 속의 욕구들은 때와 관계없이 늘 왕성하게 활동 중이지만 그 욕구를 충족시킬 때를 기다려야 목적을 달성할 수 있다. 뇌는 잠 잘 때, 일어날 때, 밥 먹을 때, 똥 눌 때, 공부할 때, 일할 때, 쉴 때, 연애할 때, 결혼할 때 등 때가 오면 그에 맞는 행동을 만든다. 마치 텔레비전 채널을 돌리듯이 (내가 채널을 돌리지 않아도 모든 방송은 지속되고 있다) 때에 맞도록 욕구의 채널을 돌린다. 뇌는 배고플 때는 식욕에 채널을 고정하여 먹잇감을 찾는 탐색행동을 만들고, 위험할 땐 안전욕구를 선택하여 숨는 행동을 만들며, 적절한 대상을 만났을 때 성욕의 채널에 맞추어 구애행동을 유도한다. 마치 욕구의 탱크에는 채널이 있어 어디에 맞추느냐에 따라 특정한 욕구가 분출되는 것으로 설명할 수 있다(욕구의 채널은 어디에 존재하고 어떻게 조절되는지에 대해 책의 뒤에서 실험의 결과로 설명할 것이다).

혹자는 우리의 본성이 나 자신이고 그 소리에 귀를 기울여야 한다고 말한다. 그리고 그것은 본능이기에 욕구대로 행동하는 것은 어쩔 수 없었다고 말한다. 그러나 학교폭력, 성폭력 등 많은 사회적 문제들은 단지 뇌가 성욕, 공격욕을 만들기 때문에 생기는 것이 아니다.

왜 그럴까? '바로 이때다'라고 뇌가 착각했기 때문이다. 욕구 자체의 문제라기보다는 욕구를 충족시킬 때를 잘못 선택한 결과라는 것이다. 직장 내 성추행이나 성폭력을 저지른 사람이 동료를 바라볼 때 '성욕을 발휘할 때'라고 착각한 결과다. 누군가에게 폭력을 가했다면 그를 포식자나 경쟁자와 같은 위협요소로 판단하여 뇌의 채널이 공격욕구에 맞춰져 있었던 것이다. 그러므로 어떤 말이나 행동을 할 때 나의 욕망의 채널이 지금 어디에 맞춰져 있는지 점검하는 것이 중요하다. 그리고 그것을 의식적으로 바꿀 수 있는 능력을 훈련해야 한다.

"새가 머리 위를 날아다니는 것을 막을 수는 없어도 머리 위에 둥지를 만들지 못하게 할 수는 있다."

독일의 종교개혁자 마르틴 루터Martin Luther의 말이다. 유혹이 머릿속에 날아다니는 것을 막을 수는 없지만 그것이 머리 위에 둥지를 틀게 하는 것은 막을 수 있다. 뇌는 우리에게 명령하지만, 우리의 뇌에는 본능적으로 명령을 조절하는 능력도 있다. 어떻게 가능한가? 잘못된 욕구로 뇌가 나를 충동할 때, 그 욕구를 없앨 수는 없어도 기다릴 수는 있다. 뇌를 따르기보다 때를 기다리도록 뇌를 가르치는 것이 중요하다.

다른 사자들이
새끼 원숭이를 먹으려
다가오자 암사자는
다가오지 못하게 막으며
새끼 원숭이를 보호한다.

욕망은 사라지지 않는다
승화될 뿐

　때를 기다리는 것은 본능에 반하는 것이 아니라 '본능의 승화'다. 뇌는 안전하고자 하는 욕구가 있으며 더 안전한 때를 기다린다면 그것은 본능에 충실한 것이다. 내가 욕구를 표출함으로써 얻게 될 위험한 결과에 대해서 예측한다면 충분히 채널을 안전욕구로 돌릴 수 있다.

　BBC 동물 채널에서 흥미로운 장면을 보여준 적이 있다. 개코원숭이를 사냥한 암사자는 어미 개코원숭이에 매달려 있던 새끼 원숭이를 발견한다. 암사자에게는 사실상 똑같은 먹이로서 포식자들의 뇌에선 분명 식욕과 사냥을 관장하는 신경이 흥분했을 텐데, 암사자는 오히려 새끼 원숭이를 보호하는 모성애를 보인다. 나뉘 먹자고 다가오는 다른 사자들이 새끼 원숭이 곁에 오지 못하게 막는다. 수업 중에 이 상황을 이야기했더니 어떤 학생이 '새끼 원숭이를 키워서 나중에 잡아먹자는 의도'가 아니냐는 질문을 했다. 그러나 가축을 키우는 사자는 없으므로 다른 가설을 생각해봐야 한다. 가장 그럴 듯한 설명은 새끼 원숭이를 보는 순간 암사자의 욕구의 채널이 변해 모성애를 발휘하게 되었다는 것이다. 암사자의 뇌 속에서 새끼 원숭이가 일반화되어 자신의 새끼처럼 돌보게 되었다는 것이다. 이렇게 욕구의 채널을 돌려 본능을 승화시키는 것을 동물도 할 수 있으니 인간에게는 결코 어려운 일이 아니다.

스탠퍼드대학에서 한 유명한 마시멜로 실험[9]이 있다. 어린아이들에게 마시멜로 한 개가 있는 접시와 두 개가 있는 접시를 보여주면서, 바로 먹어도 되지만 선생님이 돌아올 때까지 먹지 않고 기다리면 두 개를 먹을 수 있다고 말한다. 그리고 15분 뒤에 다시 돌아오면 어떤 아이들은 선생님이 나가자마자 마시멜로를 먹어버렸고 어떤 아이들은 선생님이 돌아올 때까지 기다린다. 당시 인내심을 발휘한 아이들은 15년 뒤 더 사회적, 학업적으로 성공했다는 연구 결과를 발표했다. 물론 이 실험은 부모의 소득과 학력 등 아이들의 상황을 고려하지 않는 결과라는 등 아직도 논란이 많다.[10] 그러나 내가 주목하는 것은 실험의 결론이 아니다. 그 상황에서 마시멜로를 먹지 않고 끝까지 기다린 아이들은 어떻게 참았을까 하는 점이다. 보고에 따르면 그들은 마시멜로를 쳐다보지 않거나 노래를 부르거나 책상을 발로 차는 행동을 했다고 한다. 그들은 욕구의 채널을 다른 방향으로 돌려 다른 곳에 몰입할 수 있는 능력이 있었다.

제자 중에서 볼펜에 유독 집착하는 친구가 있었다. 함께 이야기하다 보면 어느새 내 볼펜이 없어져 있곤 했는데, 그의 책상에 가보면 온통 볼펜으로 가득 차 있었다. 알고 보니 그는 어려서부터 공부를 열심히 하거나 시험을 잘 보면 어머니께서 볼펜을 선물로 주셨다고 한다. 그는 현재 유명 연구소에서 연구책임자로 훌륭한 연구를 수행 중이다. 그 친구의 인생 목표가 볼펜 자체는 아니었을 것이다. 볼펜을 소유하고 싶은 욕구가 좀 더 높은 차원의 욕구로 승화되었기에 가능한 일이다. 또 다른 예로 서울대를 졸업하고 미국 하버드대 박사와 MIT 연구원을 거쳐 카이스트 교수가 되신 분이 있다. 그 분은 중학생일 때 담임 선생님을 좋아했는데 선생님이 당시 전교 1등 하던 반장만 좋아한다는 생각에 처음으로 공부에 몰입할 수 있었다고 한다. 결국 중학교 졸업식 때 전교 1등으로 시상대에 올랐다고 한다.

해리 할로의 제자였던 매슬로Abraham Harold Maslow의 욕구 5단계를 보면 낮은 차원의 욕구가 채워지면 좀 더 높은 차원의 욕구를 향한 동기를 가질 수 있다고 한다.[11] 매슬로는 생리적 욕구에 보상을 얻기 위한 행동을 낮은 차원으로 보았고 스스로 하는 행동의 동기를 높은 차원으로 보았다.

신경과학적으로 보면 시상하부에는 낮은 차원의 욕구들만 존

뇌 과학이 인생에 필요한 순간

재한다. 자아실현 욕구와 같이 더 높은 차원의 욕구를 성취하고자 하는 신경들은 따로 발견된 적이 없다. 높은 차원의 욕구가 따로 존재하는 것이 아니라 시상하부에 존재하는 기본적인 욕구들을 채우는 방법과 절차가 세련되고 도덕적으로 되는 것이다.

동료들을 바라볼 때, 뇌는 그를 동료로 보는가 아니면 성적인 대상으로 보는가? 자녀를 볼 때 보호의 대상으로 보는가 아니면 나의 욕망을 세상 속에서 대리 충족시킬 용병으로 보고 있는가? 나의 뇌 속 채널이 어디에 맞춰져 있는지 점검해보고, 때와 장소에 맞지 않는 채널은 의식적으로 바꾸는 연습을 해야 한다.

욕망의 채널을 돌리기 위해 생활에서 실천할 수 있는 방법은 내가 현재 추구해야 하는 새로운 욕구로 대체해보려 노력하는 것이다. 예를 들어 동료가 성적인 대상으로 생각이 된다면 그를 더욱 존중하고 성실하게 도와서 함께 잘되는 보상으로 연결시켜야 한다. 한 번 보상을 얻은 뇌는 욕망의 채널을 돌리는 데 더욱 익숙해진다. 어떤 일에 몰입이 안 되거나 걱정이 생길 때, 혹은 어떤 대상과의 관계가 깨졌을 때 무너지지 않고 버텨낸다면, 상처가 아물고 새로운 관계도 형성되는 의미 있는 시간이 찾아온다. 뇌에 때를 기다릴 줄 아는 방법을 가르칠 수 있다면 그 자체가 인생의 성공이다.

지금 나의 채널이 어디에 맞춰져 있는지 점검하고 그것을 의식적으로 바꾸는 연습을 한다면 보다 우리 인생을 다채롭게 경영할 수 있을 것이다.

2부

뇌가 만들어낸 세상

:우리는 어떻게 세상과 만날까?

**뇌의 기능을 조금만 알고 사용해도
우리의 인생은
엄청나게 달라질 것이다.**

01

뇌가 만드는
가상의 세계

우리가 보는 세상은
신경신호의 총합이다.

네오, 너무나 현실 같은 꿈을 꾸어본 적 있나? 만약 그 꿈에서 깨어
나지 못한다면 꿈속의 세계와 현실의 세계를 어떻게 구분하겠나?

-영화 「매트릭스」 중에서

남의 떡이 커 보인다는 말이 있다. 그래서 떡을 바꾸었는데도
여전히 남의 떡이 커 보인다. 만일 뇌 속에 떡에 해당하는 신경들
을 보면 어떨까? 남의 떡을 볼 때 실제로 더 많은 신경들이 작용할
수 있다. 뇌 속의 세상에선 남의 떡이 큰 것이 진실인 것이다. 남의
떡이 커 보여야 그것을 내 것으로 하고픈 생각이 들고 그렇게 행

동하는 것이 생존과 적응에 유리할 테니 말이다.

제임스 캐머런 감독의 영화 「아바타」에서 주인공 제이크 설리는 자신의 분신인 아바타를 조종하여 임무를 수행한다. 이것이 가능한 이유는 아바타 프로그램이 설리의 뇌와 분신인 아바타를 연동시키기 때문이다. 영화는 우여곡절 끝에 주인공이 자신의 몸을 포기하고 아바타 육체로 완전히 옮겨가는 것으로 끝을 맺는다.

뇌에도 아바타 프로그램과 유사한 기능이 있다. 사과를 주목하면 뇌는 사과에 해당하는 아바타 사과를 만든다. 실존하는 사과는 탄수화물 등 유기물로 만들어져 있지만 아바타 사과는 신경이 만들어내는 신경신호 형태로 존재한다. 사과를 보고 반응하는 신경들을 서로 연결해보면 이것이 뇌 속에 존재하는 사과 오브젝트라고 할 수 있다. 우리가 원숭이, 사람, 코끼리, 바나나 등 서로 다른 오브젝트를 떠올릴 때 서로 다른 신경들의 집단이 반응하는 것이다.

실제 존재하는 사물과는 별도로 신경의 연결로 이루어진 아바타 사물이 뇌 속에 존재한다. 이 책에서 우리는 뇌 속에 만들어진 사물을 '오브젝트object'라 부른다. 오브젝트라는 명칭에 특별한 의미가 있는 것이 아니라 단지, 외래어를 사용함으로써 '실존하는 사물'과 '뇌 속에 존재하는 사물'을 구별해서 쉽게 설명하기 위함이다.

세상의 모든 오브젝트

당신은 '사과, 원숭이, 바나나, 로빈후드 중에서 연관된 것끼리 묶어보라'는 지시를 받는다면 어떻게 연관 지을 것인가? 나누는 기준은 사람마다 다를 수 있다. 특히 문화적 배경에 따라 기준이 달라진다. 예를 들어 동양 사람들은 '원숭이-바나나', '로빈후드-사과'와 같이 묶는 경우가 많다. 관계 중심으로 사물을 파악하기 때문이다. 반면에 서양 사람들은 '사과-바나나', '원숭이-로빈후드'로 묶는 경우가 많다. 구조 중심으로 사물을 분류하기 때문에 동물끼리 식물끼리 그룹을 묶는다.

뇌는 이렇게 종류별로 구분하는 것을 좋아한다. 세상의 모든 사물을 다 기억하는 것보다 훨씬 편하고 적은 정보처리 용량으로도 가능하기 때문이다. 또한 이러한 기능은 전혀 새로운 오브젝트

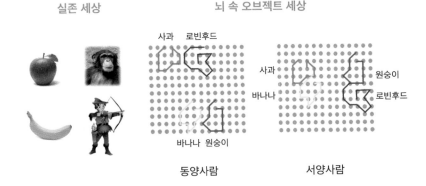

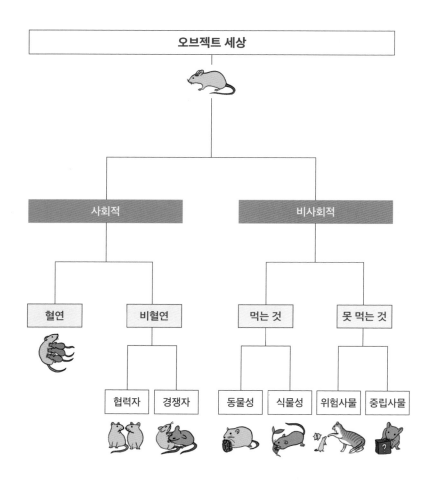

뇌는 세상을 생존이나 적응과 관련된 기능으로 구분한다.
생존과 적응을 기준으로 분류된 오브젝트는
대상에 어떻게 반응해야 하는지에 대한 정보와 연결된다.

를 보아도 어느 그룹에 속하는지 파악하여 반응할 수 있다는 장점이 있다. 이렇게 뇌가 세상에 대해 아는 대부분의 지식은 대상에 대한 구체적인 정보가 아닌 대상에 대한 분류 정보다.

동물의 뇌가 본능적으로 반응하는 행동에 따라 세상의 모든 사물을 나눠보자. 플라톤의 둘로 나누기 방법Dihairesis에 따르면 뇌 속에 존재하는 사물들은 크게 사회적 오브젝트와 비사회적 오브젝트로 나뉜다. 사회적 오브젝트는 혈연과 비혈연으로 나뉘고 비사회적 오브젝트는 먹는 것과 먹지 못하는 것으로 나뉜다. 모든 것을 생존이나 적응과 관련된 기능으로 구분하는 것이다. 그리고 생존과 적응을 기준으로 분류된 오브젝트는, 대상에 대해 어떻게 반응해야 하는지에 대한 정보와 연결된다.

물론 뇌 속에 존재하는 정신세계를 사물화하는 것에 비판이 있을 수 있다. "환원론이나 유물론적인 세계관 아닌가"라고 말이다. 인종차별, 자녀 학대, 직장 내 성추행 등 인간의 존엄성에 대한 침해가 날로 심각해지는 현실에선 더욱 그러하다.

그러나 세상의 가치들이 사물화되는 유물론적인 시대를 바꾸기 위해서도 모든 것을 사물로서 인식하는 뇌의 속성을 이해해야 한다. 뇌가 보는 사물들은 뇌가 판단하는 것보다 더 큰 가치가 있음을 깨닫고 새로운 가치와 기회를 찾고자 하는 과정은 우리 인생을 다채롭게 할 것이다. 물론 뇌가 만들어내는 세상에서 자유롭고자 하는 바람 자체가 뇌가 만들어낸 착각일 수도 있다.

사회적 오브젝트:
사람에 대한 생각이 쉽게 바뀌지 않는 이유

우리가 하루를 살면서 가장 많이 상대하는 오브젝트가 사람이다. 사회적 대상인 사람을 오브젝트로 설명하는 것은 사회적 대상인 사람들의 가치가 물건과 같다는 뜻이 아니다. 가치중립적인 관점에서, 뇌가 사회적 대상을 인식하는 방법이 그렇다는 것이다. 예를 들어 사람은 귀한 존재이나 그 사람을 찍은 사진은 사물이다. 물론 사진이 발명된 초창기에 이 둘을 혼동하여 사진 찍기를 거부하는 사람들도 있었다. 대상을 인식하는 과정에서 뇌 속 신경의 전기신호와 신경 연결로 생성된 아바타는 신경으로 만들어진 일종의 사진으로서 실제 존재하는 대상과는 구별된다.

뇌는 어떻게 사회적 관계를 기억할까? 물건에 값을 매기듯이 뇌 속에 존재하는 사회적 오브젝트 역시 혈연관계나 친분에 따라 가치를 매기고 점수를 부여한다. 혈연관계는 부부, 자식, 사촌, 오촌 등 유전적 유사성에 따라 체계적으로 구성된다. 비혈연 관계의 경우에는 유전적 거리보다는 친분도의 거리가 중요하다.

예를 들어 나의 뇌 속에는 같은 직장 동료라도 나와 친한 사람과 먼 사람, 도움이 되는 사람과 그렇지 못한 사람으로 체계화된다. 그리고 그 관계는 매우 유동적이다. 업무에서는 협력자이지만 시험이나 인사고과에서는 경쟁자가 될 수 있고 어제의 친구가 오늘의 적이 될 수 있으며, 어제의 동료가 오늘의 연인이 될 수도 있다.

현실 세계에서 사람들의 지적, 감성적, 경제적 사정은 실시간으로 변화하지만 나의 뇌 속에 있는 사회적 가치체계는 한번 만들어지면 좀처럼 변하지 않는다. 한번 '나쁜 사람' 혹은 '좋은 사람'으로 정의되면 웬만해선 이것이 거의 평생 동안 변치 않는다.

마키아벨리Machiavelli는 그의 저서 『군주론』에서 "한번 배신한 사람이 나의 편을 들더라도 결국 또 배신할 수 있으니 반드시 제거하라"라고 했다. 그는 뇌 속에서 사람에 대한 가치 점수가 좀처럼 변하지 않음을 이미 알고 있었던 것 같다. 소위 '손절'이란, 앞으로 당신이 실제로 변하건 말건 나의 뇌 속에서 영원히 나쁜 사람으로 점수를 매겨 다시는 상대하지 않겠다는 결단이다. 그러나 자신을 기준으로 한 이러한 가치체계는 실존 세상과 다를 수밖에 없다. 실존 세계에선 어제의 악마가 오늘의 천사가 되고 그 반대도 얼마든지 가능하다. 인간의 역사는 사회적 편견과 그것을 극복한 역사라 해도 과언이 아닐 것이다.

임진왜란 때 한양에 왜군이 다가오자 한양 방어를 맡았던 김명원, 이양원, 신각 등이 후퇴한다. 이때 신각은 양주에 남아 매복하다가 왜군을 무찌른다. 왜란 최초의 승첩이었다. 그런데 조정으로 돌아간 김명원은 신각이 한양 방어의 명을 어기고 군영을 이탈했다면서 상소를 올린다. 선조는 신각을 처형하라며 선전관을 보낸다.

하지만 그 순간 신각의 승전보가 전해진다. 선조는 이를 전해 받고 처형을 취소하지만 이미 신각은 참수된 뒤였고 그의 아내는 남편을 따라 자살했다. 1592년 음력 5월 19일의 일이다.

김명원의 마음은 어땠을까? 신각의 행동을 배신으로 착각한 일을 후회하였을 것이고 이를 통해 인간의 가치에 대한 큰 깨달음을 얻었을 것이다. 훗날 정유재란 시 일본군 요시라의 공작[12]으로 이순신이 파직되고 수군력을 이어 받은 원균이 무리한 작전으로 조선 수군을 궤멸에 빠뜨렸을 때, 이순신을 통제사로 복권해야 한다는 상소를 올린 이는 이순신의 친구 유성룡이 아닌 김명원이다. 복권된 이순신은 사람과 군량을 모아 12척의 배로 왜적을 무찌른다. 이것이 바로 그 유명한 명량해전이다.

우리의 뇌가 나의 생존과 적응을 기준으로 매긴 사람들에 대한 점수에만 의존하다가는 그들의 진정한 가치를 보지 못하는 오류를 범할 수 있다. 내가 경험하는 동안에는 별로인 사람이더라도 내가 알지 못하고 보지 못하는 상대방의 좋은 면모는 얼마든 더 있을 수 있다. 상대방이 가지고 있는 다양한 면모를 받아들인다는 건 리더의 중요한 자질이며 나의 정신세계를 확장하는 일이기도 하다.

먹는 것과 못 먹는 것:
0.2퍼센트의 먹잇감으로 존재하는 90퍼센트

동물들의 행동 대부분은 먹잇감을 찾는 일이다. 동물마다 먹잇감은 주로 유전적으로 결정되어 있다. 먹이는 동물성과 식물성으로 나뉘며, 동물성 먹이를 섭취하려면 사냥을 해야 하고 식물성 먹이를 섭취하려면 채집을 해야 한다. 이때, 투자된 에너지보다 섭취한 에너지가 커야 생존이 가능하기에 전략과 기술이 필요하다.

뇌는 배고플 때 식욕을 통해 먹이 활동을 조절한다. 배가 부를 때는 렙틴leptin이란 물질이 혈중에 증가한다. 렙틴은 뇌의 시상하부의 신경들 중 '포만감'을 만들어내는 신경들을 작용시켜 먹이 활동을 억제한다. 반대로 배가 고프면 렙틴이 줄어들고 위에서 분비된 그렐린ghrelin이 증가하여 시상하부의 '배고픔'을 만들어내는 신경을 자극하여 식욕을 촉진한다.

식욕은 두 가지 작용을 한다. 첫째, 당장 먹을 것이 보이지 않지만 그것을 갈망하는 상태appetitive drive를 만든다. 우리가 냉장고를 열어보거나 무엇을 먹을지 휴대전화를 켜 애플리케이션을 검색하는 과정이다. 둘째, 먹이가 발견되면 그것을 취득하여 입으로 섭취하고자 하는 상태cosumatory drive다. 강아지가 식사 시간에 주인 옆에 와서 앉는 행동이나 사자가 가젤을 뒤쫓는 사냥 행동이 그것이다. 먹을 것을 찾으면 당장 필요한 양보다 더 먹어 지방으로 축적한다. 자연에는 늘 먹을 것이 부족하기 때문이다.

식욕을 만족시키기 위한 인간의 노력은 농업혁명과 산업혁명을 가져왔다. 식량의 대량생산에 성공한 결과 지난 50년간 인구는 두 배로 증가했고 2025년에 지구상 인류는 79억 명이 될 것이다. 이스라엘 와이즈만 연구소와 미국 칼텍 공동 연구자들이 2018년에 보고한 바에 따르면, 현재 지구에는 탄소 기준으로 추정할 때, 총 5500억 톤의 생물량이 있고 인간은 6000만 톤에 이른다. 인간과 가축을 합친 생물량이 1억 6000만 톤인데 비해 야생 포유류는 다 합쳐도 700만 톤에 불과하다. 9000만 톤의 생명체들이 무게로 따지면 지구의 모든 생물체 중 0.2퍼센트밖에 안 되는 인간의 먹잇감으로 존재하는 것이다.

반면 자연에 존재하는 생물들은 지난 50년간 절반으로 줄어 심각한 위험에 처해 있다. 인간을 위한 개발로 서식지가 사라진 것이 근본적인 이유다. 또한 인간이 생산한 식량이 다른 생물들에게 공급되는 선순환을 이루지 못하고 있다. 봄이 되면 서울과 전국을 방문하던 제비들을 기억하는가? 어릴 적 도시의 풍경은 동물들로 가득했다. 그러나 1980년대 쓰레기 분리수거가 시작되면서 전국적으로 남은 음식들이 사라졌다. 음식 쓰레기로 인해 충만했던 파리 등 곤충이 사라지자 한반도를 방문하던 철새들의 수도 급격히 줄었다.

세상에서 자연 속 동물이 모두 사라진다면 어떻게 될까? 우리

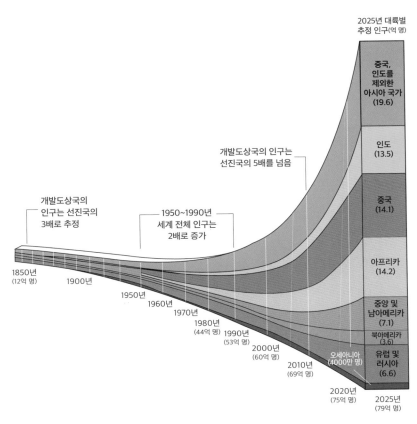

2025년 대륙별
추정 인구(억 명)

중국,
인도를
제외한
아시아 국가
(19.6)

인도
(13.5)

중국
(14.1)

아프리카
(14.2)

중앙 및
남아메리카
(7.1)

북아메리카
(3.6)

유럽 및
러시아
(6.6)

오세아니아
(4000만 명)

개발도상국의 인구는
선진국의 5배를 넘음

개발도상국의
인구는 선진국의
3배로 추정

1950~1990년
세계 전체 인구는
2배로 증가

1850년
(12억 명)

1900년

1950년

1960년

1970년

1980년
(44억 명)

1990년
(53억 명)

2000년
(60억 명)

2010년
(69억 명)

2020년
(75억 명)

2025년
(79억 명)

(국제 연합 세계 인구 통계 2010)

2009년 대륙별 인구 수(억 명)

인도 11.9
중국 13.6
아시아(중국, 인도 제외) 15.8
아프리카 10.0
중앙 및 남아메리카 3.9
북아메리카 5.4
유럽 및 러시아 7.3
오세아니아 0.35

가 어차피 만날 일 없는 북극곰이나 펭귄이 멸종해도 큰 상관이 없을까? 이런 질문에 대답하는 것이 생태학이다. 생태학 이론이 내리는 결론은 지구상의 모든 생명체와 환경은 연결되어 있으며 한쪽이 무너지면 다 같이 변화를 겪는다는 것이다.

과학자들이 요세미티 공원에 늑대 몇 마리를 풀었더니 사슴이나 버팔로의 행동반경이 변했다. 풀을 뜯어 먹는 동물들이 이동하자 강가에 풀과 나무들이 자라고 물고기가 돌아오고 물고기를 잡아먹는 많은 동물들이 돌아왔다. 비버가 물을 가두자 강물의 흐름이 바뀌고 더 많은 식물들이 생겨났다.

인간이 태양에너지를 전기에너지로 바꾸어 사용하고 있지만 전기에너지는 저장도 안 되고 먹을 수도 없다. 하지만 상상하기 어려운 시간의 역사 동안 인간에게 태양에너지를 식량으로 바꾸어준 것이 생태계다. 또한 화석에너지로 산업발전과 인류 문명이 가능하게 한 것 또한 생태계다. 내가 환경론자는 아니지만 생태계가 무너지고 있다는 것은 분명 사실이다.

인류 발전의 흔적, 뱃살

옛날에는 먹기 위해 채집도 하고 농사도 짓는 등 많은 노동으로 에너지를 소모했는데 분업화된 현대사회에서 식량은 주문의 대상일 뿐이다. 애플리케이션을 통해 주문하면 문밖에 식사가 도착하기에 이르렀다. 밥을 먹기 위한 에너지 소비는 적은 반면 섭취하는 음식의 칼로리는 증가했다. 그 결과 비만이나 당뇨와 같이 에너지가 과해서 오는 대사질환이 급증한 시대를 살게 되었다. 현재 우리나라 성인 3명 가운데 1명이 비만이고, 4.7퍼센트인 189만 명이 고도비만인 것으로 확인되면서 국내 비만의 심각성이 부각되기 시작했다. 아울러 이에 따른 사회적·경제적 부담과 의료비까지 증가하면서 비만 예방 및 관리가 시급해졌다.

뇌 과학적인 다이어트는 식욕을 참는 것이 아니고 배고픔이 보상이 되도록 하는 것이다. 경험한 바에 따르면 식욕을 억제하는 것보다 배고픔과 친해지는 것이 더 쉽다. 욕구의 채널을 식욕에서 다른 곳으로 돌리는 것이다. 배고픔을 깊이 느끼고 기다리다 보면 혈당이 증가하여 일종의 에너지 보상을 받는다. 혈당이 증가하는 이유는 지방이 분해되기 때문이다. 이런 보상의 주기를 증가시키다 보면 뱃살이 빠진다. 빠진 뱃살을 보고 누군가 멋있어졌다고 격려해주면 그것 또한 뇌에 보상이 된다.

최근 이러한 원리를 활용한 다이어트 상담 프로그램이 인기이고 효과적이라 한다. 전문 비만 관리 매니저와 카톡으로 식사량이나 몸무게에 대하여 지속적으로 대화를 한다. 헬스장 매니저와의 대화에 집중하다 보면 먹는 양을 줄일 수 있고 성공했을 때 칭찬도 받는다. 먹음으로써 보상을 주는 대상이 아니라 먹지 않음으로써 보상을 주는 대상으로 욕구의 채널을 전환한 것이다. 다이어트는 식사의 문제를 넘어 마음의 문제다. 마음으로 몸의 요구를 억제하려고 하지 말고 몸이 마음에 따라오도록 하는 것이 다이어트의 핵심 기술이다.

포식자와 피식자:
인간이 가장 두려워해야 할 포식자는?

생태계는 먹이사슬로 연결되어 있다. 나를 잡아먹는 포식자가 언제나 존재한다. 동물들의 뇌 속에는 포식자에 대한 회피반응이 본능적으로 내재되어 있다. 그러나 피식자들의 회피 반응에 대하여 포식자들도 새로운 방법을 만들기에 포식자와 피식자의 경쟁은 영원히 지속된다.

예를 들어 포식자들은 움직이는 물체에 민감하다. 두꺼비가 죽은 벌레는 먹지 않고 고양이가 움직이는 레이저 포인터에 열광하는 이유다. 곰을 만났을 때 움직이지 말고 천천히 멀어져야 하는 것도 같은 원리다. 내가 움직일 때 피하는 대상이라면 자연의 역사상 나의 먹잇감일 확률이 높다.

포식자들에 대한 반응으로 피식자들은 포식자가 나타나면 움직이지 않는 반응(얼어버리기freezing)을 보인다. 또한 포식자가 나타났을 때, 서로 뭉쳐서 대응한다. 뭉쳐 있으면 포식자가 어느 방향에서 접근하는지 쉽게 알아내고 자신이 잡아먹힐 확률을 낮추는 장점이 있다. 또한 부모의 경우 포식자가 나타나면 자신에게 관심을 돌리려 애쓴다. 많은 엄마 새들이 포식자들이 나타나면 주의를 돌리기 위해 큰 소리를 낸다. 땅 속에 사는 다람쥐의 경우 다가오는 뱀에게 흙을 뿌리면서 교란한다. 뱀이 자신의 둥지를 발견하지 못하도록 하기 위해서다.

현대사회를 살아가는 인간의 경우에는 인간을 잡아먹는 동물들이 위협하는 일은 거의 없어졌다. 그러나 포식자에 대한 반응은 뇌 속에 그대로 남아 있다. 우울할 때 방에 틀어박혀 혼자만의 시간을 보낸다든지, 위험한 일에 처하면 함께 뭉쳐서 대응한다든지 하는 것은 포식자에 대한 동물적 반응이다.

흥미롭게도 인간에게 해당하는 포식자 오브제트들은 모두 인간 자신이다. 세계적으로 매년 발생하는 전체 살인사망자 수는 1990년 36만 2000명에서 2017년 46만 4000명으로 증가했다. 살인율이 가장 높은 지역은 의외로 미국이다. 미국에서는 해마다 4만 건에 달하는 총격 사건이 발생해 약 1만 3000여 명이 숨진다고 한다.

그러나 인간에게는 살인자보다 더 위험한 것이 있다. 전 세계 인구 60억 명 중 해마다 90만 명이 자살을 시도하고 있다. 40초마다 한 명씩 자살을 하고 있는 셈이다. 그리고 OECD국가 중 자살률 1위는 대한민국이다. 일종의 포식자로서 인간에게 가장 위험한 것은 바로 나 자신이다. 동물에게서는 발견되지 않는 현상이다.

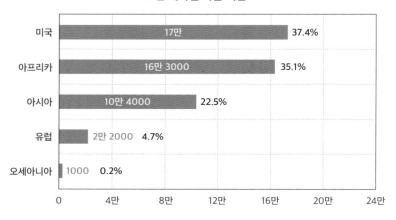

2017년 대륙별 자살 비율[13]

미국	17만	37.4%
아프리카	16만 3000	35.1%
아시아	10만 4000	22.5%
유럽	2만 2000	4.7%
오세아니아	1000	0.2%

0   4만   8만   12만   16만   20만   24만

일찍이 아리스토텔레스는 말했다.

'적을 정복한 사람보다 자기 욕망을 이겨낸 사람이 더 용감하다. 가장 이기기 힘든 것은 자기 자신이다.'

더 이상 인간은 인간을 잡아먹는 포식자들의 위험에 두려워할 필요가 없어졌지만, 나라는 적은 언제나 내 안에 도사리고 있다. 그리고 나라는 적을 유독 견디기 힘들도록 하는 사회가 자살률 1위라는 불명예를 안은 대한민국이라니 서글픔과 씁쓸함을 감추기 힘들다. 서로서로 위로하고 격려하는 사회 분위기를 만들고 정치, 사회, 문화적 갈등을 줄이는 것이 시급한 과제다.

뇌 과학이 인생에 필요한 순간

중립사물:
발명이 필요를 만든다

중립사물은 세상에 가장 많이 존재하는 오브젝트다. 중립사물은 본능에 따른 분류가 애매한 대상으로서 어떻게 활용하느냐에 따라 가치가 달라진다. 사회적 대상이나 먹잇감 혹은 포식자에 대해서는 어떻게 반응해야 하는지 이미 유전적으로 결정되어 있지만 중립사물들에 대해서는 단지 호기심을 갖도록 되어 있다. 호기심을 갖고 탐색하다 보면 어떤 필요에 따라 유용할 수 있기 때문이다. 예를 들어 돌, 나무, 암석 등에 호기심을 가지고 접근하다 보면 그 속에서 먹잇감이나 안전한 장소를 찾을 수도 있다.

누군가 버린 가구나 쓰레기를 보고 그것을 어디에 쓸지 고민해 본 적이 있는가? 사물의 발견을 통해 새로운 필요를 고민하는 순간이다. 흔히들 필요가 발명이나 발견으로 이어진다고 말한다. 그러나 자연과 인류의 역사는 그 반대의 경우가 많음을 보여준다.

예를 들어 까마귀는 영리해서 도구를 활용해 개미 등 곤충을 사냥한다. 나무 막대기에 개미가 달라붙는다는 것을 학습한 뒤 나무 막대기를 개미집에 넣어 사냥하기 시작한 것이다. 사냥할 필요가 있어 나무 막대기를 사용하는 것이 아니다. 인간의 경우 고기를 구워 먹기 위해 불을 발견한 것이 아니라, 불이 발견되어 고기를 구워 먹을 필요를 만들었다. 전깃불이 있기 전, 고래기름이 유통되자 그것으로 빛을 내는 가로등의 수요가 증가했다.

발명이 필요를 만드는 선순환이 일으키는 파급효과는 매우 크다. 도구의 인간 호모파베르Homo Faber는 중립사물들을 활용하여 또 다른 중립사물인 다양한 도구를 만들었는데, 도구란 일단 만들어놓으면 필요에 따라 다양한 목적으로 활용할 수 있는 오브젝트다. 구석기 시대 만들어진 돌칼은 짐승을 잡거나 고기를 썰거나 움막을 짓는 데 다양한 용도로 활용되었을 것이다. 산업시대 발명품인 증기기관은 기차의 동력으로서뿐만 아니라 방직기계를 돌리는 등 다양한 목적으로 활용되었다. 배터리는 작은 가전제품에 전력을 공급할 뿐만 아니라 자동차의 동력으로 사용되기 시작했다.

이렇게 중립사물들을 새로운 필요나 목적에 사용하는 것을 활용exploitation이라 한다. 필요한 재료를 미리 생각해놓고 그것을 만들거나 찾는 것보다 훨씬 효과적인 방법이다. 자본주의 경제는 생산과 활용이라는 선순환을 통해 급속히 발전했다.

문제는 인간이 대량으로 만들어내는 물건들을 자연이 수용하고 다른 생물들이 적응하는 데 한계에 도달했다는 점이다. 바다거북은 해파리를 먹고사는데 인간이 만들어낸 비닐을 착각해 먹고 병이 나거나 죽는다. 오랜 시간이 흘러 비닐을 구별하여 회피할 수 있는 거북이 나타나 자손을 많이 번식한다면 이런 일을 방지할 수 있을 것이나, 그때가 오기 전에 바다거북은 멸종할 것이다.

인간이 물건을 만들어내는 속도에 자연이 적응하는 데 한계에 도달했다.
바다거북이 비닐과 해파리를 구별하여 회피할 수 있는 적응력을 가지려면
아주 오랜 세월이 흘러 자손을 많이 번식한 후일 것이다.

뇌의 호기심으로 출발한 중립사물들의 역사가 지구의 운명을 바꾸어놓을 만큼 커다란 파급효과를 창출했다. 발명이 필요로 이어지는 선순환보다 더 빨리 더 많이 생산된 사물들이 이제 쓰레기로 쌓이고 있다. 4차 산업혁명 시대에는 필요에 꼭 맞는 최소한의 제품을 생산할 수 있는 시스템으로 전통적인 대량생산 체계를 대체할 전략을 수립해야 한다.

02

뇌는 숲과 나무를
따로 본다

뇌가 대상에 집중하는 방법

나무를 보지 말고 숲을 보라는 격언이 있다. 그런데 과연 뇌는 숲과 나무를 분리할 수 있을까? 숲은 나무로 이루어진 것이므로 나무를 보지 않고 나무들의 합인 숲을 보기란 물리적으로 불가능하다.

그러나 뇌 속의 오브젝트 세상에선 숲도 나무도 독립적인 대상으로 인식될 수 있다. 신경세포가 그리는 오브젝트의 범위가 매우 유연하고 상대적이기 때문이다.

16세기 이탈리아 화가인 주세페 아르침볼도Giuseppe Arcimboldo는 과일과 채소 속에 사람의 얼굴이 숨어 있는 그림을 많이 그렸다.

개별 오브젝트에 집중해서 보면 모두 과일이나 채소인데 이것을 모두 모아 하나의 오브젝트로 보면 얼굴의 형상이 드러난다. 뇌가 손상된 환자들에게 합성 그림을 보여주면 과일들만 보고 얼굴을 못 보는 환자들이 있다. 반대로 얼굴은 보는데 개별 과일들은 잘 못 보는 경우도 있다. 전체인 숲을 보거나 개별 존재인 나무를 선택해서 볼 수 있는 뇌 기능이 존재함을 보여준다.

나의 책상은 늘 잡동사니로 가득 차 있다. 그런데 책은 책대로 서류는 서류대로 정리하고 나면 제법 깔끔해진 느낌이 난다. 사실 무게나 잡동사니의 양은 변한 것이 없다. 그러나 뇌는 묶음으로 된 서류들을 하나로 보기에 전체적으로 무질서도가 감소한 것으로 파악한다. 이렇게 뇌가 인식하는 엔트로피entrophy, 무질서도는 실제 물리적인 수치로서 엔프로피와 차이가 있다.

꾸러미는 왜 달걀 10개를 뜻하는가? 굴비 한 두름은 왜 20마리인가? 한 거리는 왜 오이나 가지 50개를 뜻하는가? 아마도 조상들이 하나의 묶음으로 만들기 좋고 모아놓았을 때 한 덩어리로 표현하기 쉬웠기 때문에 이렇게 분류했을 것이다. 반면에 비빔밥이라는 하나의 오브젝트는 여러 가지 채소와 고기, 참기름 등 다양한 오브젝트가 모여 탄생한 새로운 차원의 오브젝트다.

뇌는 숲도 나무도 독립적인 오브젝트로 인식한다. 수많은 나무가 모여 숲이라는 새로운 오브젝트로 인식되는 것과 같이 뇌는 사물의 차원에 따라 다양한 오브젝트를 만들어낸다.

주제페 아침볼도의 그림은
'의식의 뇌'개념을 실험적으로 보여주어
신경과학적인 의미가 크다.

뇌가 인식하는 4차원 세계

뇌가 만들어내는 3차원 세계:
3차 오브젝트의 진실

우리는 세상을 3차원으로 느낀다. 그 속에 존재하는 3차원 사물들을 3차 오브젝트라 명명한다. 예를 들어 자동차가 눈에 들어왔으면 '자동차'가 3차 오브젝트가 된다. 눈앞에 펼쳐진 수많은 사물 중에 밀리초 단위로 순간 집중하는 목표사물은 하나이며 그것이 3차 오브젝트다. 뇌가 무엇인지 판단하는 근거가 되는 오브젝트라 할 수 있다.

우리가 3차원 사물들을 3차원으로 느낄 수 있지만 실제로 대상 사물에 대한 감각정보들은 3차원이 아니다. 감각신경들이 만들어내는 신경신호들은 시간축을 기준으로 신호가 있고(1), 없고(0)하는 이진법이다. 자극을 많이 받으면 감각신경이 시간당 신경신호를 많이 만들어내고 덜 받으면 신호를 적게 만들어내는 방식으로 정보를 뇌에 전달한다. 뇌는 1차원적인 신경정보를 현실에 맞도록 3차원으로 변환하여 인식하는 능력이 있다. 이러한 능력은 대단한 것이나 결국 3차원 인식은 조작된 결과인 셈이다. 왜 이런 기능이 있을까?

세상의 모든 오브젝트는 3차원 공간에 존재하며 이것을 3차원으로 인식해야 획득하고 활용하기 좋기 때문이다. 눈이 보이지 않는 박쥐는 먹잇감을 초음파로 찾는다. 먹잇감에 반사되어 나온 청각신호를 3차원 공간에서 재해석해야 성공적으로 먹이를 사냥할 수 있다.

인류의 역사는 3차 오브젝트를 찾고, 소유하고, 소비하는 과정으로 요약할 수 있다. 여행을 하는 이유도 이국적인 3차 오브젝트를 보는 재미 아닌가? 현미경이나 망원경의 발달로 인간이 느낄 수 있는 3차 오브젝트의 범위가 넓어지고 있다. 눈에 안 보이는 미생물부터 우주 멀리 있는 별이나 블랙홀의 존재를 파악할 수 있게 되었다. 최근에는 원자와 분자도 볼 수 있는 기술이 나왔으며 나노기술로 땀구멍만큼 작은 틈새도 지나갈 수 있을 정도로 매우 작은 아이템을 만들 수 있는 시대가 왔다.

뇌는 신경신호를 재구성하여 3차원 세상을 뇌 속에 만들어 진실에 접근하고자 한다. 물론 그 과정은 일종의 조작이다. 우리가 뇌 과학 강연이나 인터넷 정보에서 흔히 보는 착시 현상은 이러한 조작 과정이 탄로 난 경우다. 비록 그것이 착시라 할지라도 그러한 뇌 기능들은 실존하는 세계를 보다 진실에 가깝게 보려는 노력의 결과임을 이해해주어야 한다. 물론 뇌의 한계로 인하여 내가 보는 것과 실존하는 사물 사이에는 큰 간극이 있음을 잊어서는 안 된다.

부품을 조립하여 자동차를 인식한다:
2차 오브젝트와 패턴완성

뇌가 집중하는 3차 오브젝트의 특징을 구성하는 2차 오브젝트
가 있다. 숲을 3차 오브젝트로 인식했을 때 그 숲을 구성하는 나무
들이 2차 오브젝트라 할 수 있다. 얼굴을 볼 때 눈, 코, 입, 귀 등이
2차 오브젝트다. 자동차의 경우 바퀴, 보닛, 필러, 후방미러 등이
2차 오브젝트다. 물론 2차 오브젝트는 상대성 개념으로 우리가 2차
오브젝트인 자동차 바퀴에 주목하면 그 순간 바퀴는 3차 오브젝
트가 되고 바퀴를 구성하는 타이어와 휠은 2차 오브젝트가 된다.

2차 오브젝트들은 구성요소로서 목표가 되는 3차 오브젝트를
인식하도록 도와준다. 자라 보고 놀란 가슴 솥뚜껑만 봐도 놀라는
원리다. 자동차 바퀴, 프레임, 문, 핸들만 봐도 자동차가 떠오른다.
2차 오브젝트들은 3차 오브젝트를 인식하기 위한 중요한 정보를
주고 이러한 정보를 특징feature이라고 한다.

인공지능도 사진이나 사물을 인식하기 위해 특징추출feature
detection, extraction 과정을 거친다. 예를 들어 남자와 여자를 구별하는
프로그램을 만들 때, 남자와 여자의 특징을 구별하는 경계선을 설
정하여 결론을 내는 과정이 필요하다.

단어에서도 한 단어가 3차 오브젝트라면 단어를 이루는 자음
과 모음이 2차 오브젝트라고 할 수 있다. 'ㅂㄹㄱ ㅎㄲ ㅅㄹㅈㄷ'
라는 자음을 알려주고 어떤 영화 제목인지 질문하는 문제를 내

면 뇌는 '바람과 함께 사라지다'라는 패턴을 완성할 수 있다. 이 것은 영화 제목을 하나의 오브젝트로 기억하기 때문에 가능하다. 이렇게 단서를 가지고 대상을 떠올릴 수 있는 능력이 오브젝트 인식에서 매우 중요하기에 2차 오브젝트 개념은 매우 중요하다.

신경회로 원리로 설명하면, 2차 오브젝트를 인식한 신경들이 있고 이들이 서로 연결되어 3차 오브젝트를 구성한다. 이때 2차 오브젝트들에 의해 일부 신경이 자극되더라도 나머지 연결된 신 경들이 함께 작용하여 3차 오브젝트를 떠올릴 수 있게 되는 것 이다.

그러나 이것은 이론일 뿐 실제 신경회로의 연결이 어떻게 강화 되어 오브젝트를 인식하는지는 확실치 않다. 이와 관련된 연구 주 제를 인지과학에서는 연결문제Binding problem라고 한다.

사물을 구성하는 최소 단위: 1차 오브젝트와 과학

그리스 철학자들은 사물을 구성하는 최소 단위에 관심을 가졌 다. 과학의 발전으로 세상의 모든 물질은 분자와 그것을 구성하는 원소가 있음을 알게 되었다. 우주의 모든 오브젝트들은 결국 120 개의 원소로 이루어졌음이 밝혀졌다. 원소는 전자와 양자로 이들 은 쿼크로 구성되며, 이들은 더욱 작은 소립자들로 이루어진다. 물질의 근본은 에너지이며 오브젝트는 에너지의 존재 양식이다.

오브젝트의 재질을 구성하는 오브젝트를 1차 오브젝트라 명명한다. 물론 우리 뇌는 1차 오브젝트의 특징을 쉽게 인식하기 어렵다. 모래사장을 인식하기 쉽지만 개별 모래알을 구분하기 어려운 원리다.

1차 오브젝트의 구성을 밝히는 것이 과학의 중요한 임무다. 과학을 하는 것도 뇌가 있기에 가능한 것이며, 뇌는 에너지조차도 이름을 가진 하나의 오브젝트로 인식한다. 형체가 없는데도 말이다. 존재의 근본 원리를 탐구하는 양자역학은 모든 것을 오브젝트로 사고하는 뇌의 능력 덕분에 발전했다.

1차 오브젝트의 기준은 상대적이다. 물 분자를 현미경으로 농구공만큼 크게 볼 수 있다면 뇌의 기준에서는 물 분자가 3차 오브젝트가 되고, 수소와 산소원자가 2차 오브젝트가 되며, 원자를 구성하는 핵이나 전자가 1차 오브젝트가 될 것이다.

똑같은 사물도 다르게 기억하는 이유: 4차 오브젝트와 창의성 교육

오브젝트는 감정과 뇌 속의 다른 정보들과 연결되어 기억으로 남을 수 있다. 이것을 4차 오브젝트라 한다. 아리스토텔레스가 심장heart에 마음이 있다고 한 역사적인 오류를 시작으로 하트 모양은 사랑의 상징이 되었다. 이것이 오류인지는 중요하지 않다. 이미 하트는 사랑을 설명하는 오브젝트가 되었기 때문이다. 손가락

뇌 과학이 인생에 필요한 순간

이나 몸으로 하트 모양을 만들면 그것은 상대방의 뇌에서 사랑을 떠오르게 한다.

나의 첫 차를 중고 자동차 가게에 넘겨주고 떠나던 날, 마지막으로 본 그 차의 모습이 지금도 생생하다. 내 뇌 속에 각인된 그 차와 그 차를 중고 자동차 가게에서 사 가는 사람의 뇌 속에 각인된 그 차는 다르다. 내 뇌에는 그 차와 연결된 모든 추억들이 차와 함께 4차 오브젝트로 남아 있어 언제든 떠올릴 수 있고 설명할 수 있다.

예술은 작가의 뇌 속에 있는 4차 오브젝트가 작품으로 투영되는 것이다. 슈베르트가 작곡한 가곡 「숭어」는 실제 악보에 숭어 사진이나 그림이 나오지 않는다. 그의 뇌 속에 기억으로 존재하는 4차 오브젝트로서의 「숭어」가 선율로 표현되고 있을 뿐이다. 미켈란젤로는 조각이 무언가를 새로이 만드는 것이 아니라 돌 속에 있는 대상을 꺼내는 것으로 보았다. 이미 그의 뇌 속에 완성된 4차 오브젝트가 있었던 것이다. 마르셀 뒤샹은 예술은 관객의 해석이라 했다. 여기서 해석이란 예술 작품을 볼 때 관객의 뇌 속에서 연결된 감정이나 기억을 떠오르게 함으로써 가능하다.

치매환자가 가족을 못 알아보는 것은 대상이 되는 3차 오브젝트는 보지만 그것이 아들의 이름과 관련된 기억으로 연결된 4차 오브젝트로 떠오르지 않기 때문이다. 오브젝트 인식은 대상을 파악하는 3차 오브젝트에서 끝나는 것이 아니고 여기에 이름과 가치 등 다양한 정보가 더해져 4차 오브젝트를 완성해야 한다. 꽃을 본 눈은 꽃에 대한 시각정보를 뇌에 전달하지만 그 자체로 뇌가 꽃이라고 말할 수는 없다. 뇌 속에서 꽃이라는 단어를 만나야 꽃이라는 오브젝트가 완성된다. 어떻게 뇌 속에서 꽃이라는 이름이 붙여질 수 있을까?

이름이나 단어가 대상에 연결되기 위해서는 감각정보가 뇌의 좌측반구에 있는 뇌의 언어영역으로 전달되어야 한다. 우리가 왼쪽 눈으로 꽃을 보았을 때, 시각정보는 우뇌로 전달되며 다시 좌/우 뇌 교량corpus callosum을 통해 좌뇌의 언어영역인 브로카와 베리니케 영역으로 전달되어야 비로소 단어인 '꽃'을 인식하고 설명할 수 있다.

만일 시각정보가 언어영역에 도달하지 못하면 무슨 일이 생길까? 전증치료를 위해 교량을 잘라 양쪽 반구의 연결이 파괴된split brain 환자들을 관찰한 실험 결과들이 있다. 그들은 오른쪽 눈을 가리면, 분명 꽃을 보았는데도 자기가 본 것이 무엇인지 언어로 표현하지 못한다. 좌측 눈에서 우뇌로 간 시각 정보가 언어영역이 있는 좌뇌로 가는 길이 차단되었기 때문이다. 그러나 자신이 무엇을 보았는지 여러 그림 중에 골라보라고 하면 꽃을 고른다. 뇌가 하나의 오브젝트를 인식한 뒤, 꽃이라는 단어와 연결되는 과정이 있다는 증거다.

스티브 잡스는 "창의성은 단지 어떤 것들을 연결하는 것이다

creativity is just connecting things."라고 했다.[14] 뇌 속에 있는 어떤 것things들, 즉 경험, 지혜, 지식 등을 서로 연결하여 새로운 오브젝트를 만드는 과정이라는 뜻이다. 과거에는 교육이 3차 오브젝트를 가르치고 주입시키는 데 집중해왔다. 그러나 오늘날 교육은 3차 오브젝트를 이루는 2차 오브젝트와 1차 오브젝트를 이해하는 것을 포함한다. 그리고 사회를 바꿀 미래의 교육은 스스로 4차 오브젝트를 만드는 능력을 배양하는 데 있다. 답이 한 가지만 있는 문제를 푸는 방식으로는 이를 성취할 수 없다.

나는 4차 오브젝트 방정식을 연구 현장에 적용하여 큰 소득을 얻는다. 연구실의 학생들에게 이미 알려진 3차원 지식들을 연결하여 알려주고 한 단계 높은 4차원 지식을 스스로 찾아내도록 한다. 학생들은 처음엔 어려워하다가 한번 성공하면 새로운 현상을 발견하고 이를 바탕으로 새로운 이론을 만든다.

예를 들어 우리 연구실에서는 범죄 약물인 물뽕GHB, gamma hydroxybutyric acids을 연구하다가 파킨슨병을 치료할 수 있는 방법을 찾아냈다. 서로 다른 두 가지 연구를 연결시켜 새로운 사실을 밝힌 결과다. 두 가지 3차원 지식이 연결되어 4차원 지식이 된 것을 간단히 설명해보자면 아래와 같다.

3차원 지식 ①: 도파민이 없어지면 뇌 속에서 운동신경이 억제되어 파킨슨병이 일어난다는 것이 학계에 알려진 정설이다. 그런데 파킨슨 환자의 뇌 속에서는 여전히 이상한 신경신호가 만들어지고 있다. '신경이 억제되는데 왜 이상한 신호가 만들어질까?'라는 당연한 질문이 가능한데도 학계에서는 여기에 큰 의미를 두지 않았다.

3차원 지식 ②: 우리 연구실 연구팀은 범죄약물인 물뽕이 어떻게 의식을 차단하는지를 연구하고 있었다. 물뽕은 뇌의 시상핵 신경을 억제하지만 억제된 시상핵 신경은 마치 물속에 잠긴 공이 튀어오르듯이 '반발성 신경신호'를 만들어낸다. 반발성 신경신호를 만들어 의식을 차단하는 역할을 한다. 의식이 차단된 상태에서 범죄자가 무슨 짓을 해도 피해자는 기억하지 못한다.

4차원 지식: 위 두 가지 사실을 연결하면 새로운 질문을 만들 수 있다. 운동신경이 억제되면서 만들어진 반발성 신경신호가 파킨슨병을 유발하는 것이 아닐까? 이것을 증명하기 위해 도파민이 없어진 파킨슨 생쥐의 반발성 신경신호를 억제해보았다. 결과는 놀라웠다. 움직이지 못하던 생쥐가 갑자기 잘 돌아다니는 것이다. 결국 파킨슨병은 억제 때문이 아니고 억제에 의한 반발성 신경신호가 중요하다는 사실을 밝혀 2017년 논문으로 보고했다.[15]

과학은 이렇게 기존의 이론을 바탕으로 새로운 이론을 설계하는 과정이다. 존재하는 현상이나 이론을 그대로 보지 않고 다양한 가능성을 열어두고 새로운 생각을 테스트해보는 것이 뇌를 120퍼센트 활용하는 지름길이다. 이렇게 뇌가 다양한 사물과 생각을 재구성할 수 있는 능력을 진실을 보는 데 활용하고 승화시키는 것이 과학이다.

뇌가 추구하는
관계의 방정식

뇌 속에 존재하는
소셜네트워크 서비스

과거 소셜네트워크 서비스인 싸이월드[16]에서는 가까운 지인들을 1촌이라 불렀다. 유전적으로는 부모와 자식이 1촌인데 이것은 보다 친한 관계를 뜻한다. 뇌 속에서 사회적 관계는 어떻게 존재할까? 동물들의 실험 결과를 보면 유전적인 연관도에 따라 애착행동이 달라진다. 마치 형제자매를 인식하는 듯하다. 그러나 이것은 경험적인 것으로, 어려서 맡은 냄새 등 감각정보를 기억해 익숙한 냄새가 나면 친하게 지내고 그렇지 않으면 거리를 둔다.

인간의 경우도 사회적 친분도는 기억에 의존한다. 예를 들어 아기 때 헤어진 유전적 부모보다 어려서부터 키워준 부모에게 더 큰 애착을 가질 수밖에 없다. 마치 소셜네트워크처럼 뇌 속에도 사회적 대상에 대한 지도가 기억의 형태로 남아 있는 셈이다. 이 지도는 한번 형성되면 좀처럼 바뀌지 않을 정도로 강력하다. 한번 부모는 영원한 부모인 셈이다.

뇌 속의 소셜네트워크는 어떤 정보들로 구성이 되어 있을까? 실제 소셜네트워크에는 이름, 직업, 사진 등 정말 간단한 정보만이 기록되어 있다. 마찬가지로 뇌에서 관계를 형성하기 위한 기본 정보는 생각보다 단순한 감각정보들로 구성된 기억이라는 연구 결과들이 있다.

1970년대 해리 할로Harry Harlow 박사는 어린 붉은털원숭이를 대상으로 애착실험을 했다. 박사는 붉은털원숭이에게 인형 두 개를 제공했다. 하나는 철망에 우유병이 꽂혀 있는 엄마 인형이었고 다른 하나는 먹을 것은 없지만 부드러운 천을 두른 인형이었다.

새끼 붉은털원숭이는 우유를 먹을 때는 철망 인형을 안고 먹었지만 먹고 나면 천 인형을 안고 대부분의 시간을 보냈다. 소리를 내는 로봇으로 위협을 주면 천을 두른 엄마 인형에게 달려가 안겼다. 천 인형 앞에서 새끼 원숭이는 용감해져서 자신을 위협한 로봇을 향해 두 눈을 크게 뜨고 소리를 지르기도 했다.

당시 이 실험은 학계에 커다란 파장을 주었다. 첫째, 스키너의 강화학습이론에 의하면 새끼 붉은털원숭이는 당연히 우유라는 보상을 주는 철망 엄마에 애착을 형성해야 하는데 그렇지 않았다.

철망 인형과 천 인형으로 애착실험을 한 결과는 학계에 커다란 파장을 일으켰다.

천이 제공하는 따뜻함과 부드러움이 애착을 유도했다. 둘째, 뇌 속에 존재하는 엄마에 대한 애착이 실제론 천과 같이 단순한 물리적 특성과 연결된 기억이었다는 점이다. 아기 원숭이에게 엄마란 나에게 따뜻함을 주는 온열기와 같은 존재라는 것이다.

1970년대 초반에 미국의 심리학자인 데이비드 로젠한David Rosenhan은 정신과 의사들이 정신병 환자와 정상인 사람들을 얼마나 잘 구별하는지 실험해 《사이언스》에 보고했다.[17] 그는 자신을 포함한 여덟 명의 사람을 정신병 환자처럼 꾸며낸 서류를 만들어 여러 곳의 정신병원에 입원시켰다. 그들은 정신병동에 들어가 정상인과 똑같이 행동했다. 대부분의 의사들은 그들을 환자로 대하고 정상인임을 알아보지 못했다. 로젠한의 실험은 의사들이 환자

뇌 과학이 인생에 필요한 순간

들을 있는 그대로 보는 것이 아니라 차트상의 몇 가지 정보들을 통해 환자를 판단하고 있다는 것을 보여준다.

앞서 살펴본 대로 우리 뇌 속에 있는 소셜네트워크는 나에게 얼마나 도움이 되는지 등 나와의 관계를 보여주는 몇 가지 기억을 바탕으로 구성되어 있을 것이다. 또한 나 역시 그들의 뇌 속에 몇 가지 정보를 가진 최소한의 오브젝트로서 존재할 것이다.

따라서 사람을 평가할 때, 내 기억에만 의지해서는 완벽하지 않다는 점을 늘 알아야 한다. 마치 나의 글에 매번 '좋아요'를 눌러주는 사람이 실제 관계를 맺을 땐 예상치 못한 태도를 보일 수 있는 것처럼 말이다. 마찬가지로 나에 대해 오해하는 사람들도 이해가 가능하다. 애초에 나의 마음을 모두 이해하고 내린 평가가 아니기 때문이다.

뇌 속에 존재하는 소셜네트워크는 내가 잘 모르는 사람을 평가할 때도 영향을 준다. 그 사람이 예전에 알았던 누군가와 닮은 부분이 있으면 성격도 그 사람과 같을 것이라 착각할 수 있는 것이다. 왠지 첫인상이 좋지 않아 곰곰이 생각해보면 과거 내가 싫어했던 사람과 그 사람이 공통점을 가지고 있을 수 있다. 그럼에도 뇌는 어김없이 '안다는 느낌'을 만들어낸다.

사회적 관계를 만들 때 이러한 뇌 속 소셜네트워크의 특징을 잘 활용할 필요가 있다. 상대가 긍정적으로 생각하는 요소가 무엇인지 빨리 파악할 수만 있다면 보다 쉽게 관계를 형성할 수 있게 된다. 다만 쉽게 형성된 관계는 쉽게 끊어질 수 있다. 한번 형성된 관계를 강하게 만들기 위해서는 역시 보상이 따라와야 한다.

또한 상대에게 상처를 주지 않아야 한다는 점이 중요하다. 보상은 다른 사람에게서도 얻을 수 있으니 효과가 적은 반면, 피해를 주는 사람은 모두 함께 피해야 될 사람으로 낙인이 찍혀 효과가 크기 때문이다. 상대의 뇌 속에 나의 아바타는 최대한 좋은 이미지로 구성되도록 노력하되, 나의 뇌 속에 있는 사람들에 대한 아바타는 실제와 다를 수 있다는 점을 늘 생각해야 한다.

04

뇌가 만드는
'나'라는 존재

뇌 계정에 주인공으로
로그인하기 위한 정보들

대학원 시절 현미경으로 나의 피를 보았는데, 꼬물거리며 무엇인가를 잡아먹는 세포를 발견했다. 백혈구다. 그 순간 나는 두 가지 질문을 했다.

"이 세포가 나를 알까?"
"이 세포는 나일까?"

우리는 쉽게 '남과 나'를 구별하지만 '나'에 대한 정의는 간단하지 않다. 단어의 개념상 뇌는 몸의 일부이므로 '나'에게 속해야 한

다. 그러나 신경과학적으로 '나'는 뇌가 만들어낸 개념이므로 '나'
는 뇌에 속한다.

뇌 속의 나는 확장될 수 있다

뇌는 우리 몸 각 부위에서 전달되는 체성감각 신호를 통합하여
몸이 '나'라는 것을 알 수 있다. 체성감각 신호들을 통해서 팔, 다
리, 머리의 위치를 알 수 있다. 뇌는 운동신호를 보내어 팔과 다리
를 움직이도록 한다. 팔과 다리가 움직이면 다시 감각신호를 뇌에
보낸다. 운동신호대로 감각신호가 오는지 확인 절차를 따라 내 몸
이라 인식한다. 어린 아기들이 누워서 손가락과 발가락을 빨고 흔
드는 행동은 자기 인식에 매우 중요하다.

뇌가 몸을 나로 인식하는 원리를 테스트해볼 수 있는 방법이
있다. 첫째, 손가락으로 자신의 옆구리를 간지럽혀보라. 옆 사람
의 옆구리를 간지럽혔을 때와 다른 결과를 얻을 것이다. 간지럼이
란 현상은 남이 나를 건드렸을 때 나타나는 현상이다. 뇌가 나의
행동을 구분해낼 수 있기에 가능한 일이다. 뇌는 운동신호를 근육
에만 보내는 것이 아니다. 다른 뇌 부위에도 똑같은 신호를 보낸
다. 옆구리에서 오는 감각신호와 운동신호가 동시에 있을 때는 이
둘이 상쇄되어 간지럼을 못 느끼게 되는 것이다. 뇌가 손을 나의

가짜 팔 실험

일부로 이미 파악했기에 일어나는 현상이다.

　둘째, 소위 '가짜 팔' 실험이 있다. 피험자는 자신의 팔을 보지 못하고 앞에 놓인 가짜 팔(고무장갑을 활용하면 된다)만을 볼 수 있다. 실험자는 진짜 팔과 가짜 팔을 똑같이 쓰다듬는다. 그러면 뇌는 자신이 보고 있는 팔이 내 팔이라는 인식이 싹튼다. 이후 가짜 팔을 때리려 하거나 뜨거운 물을 부으려 하면 피험자는 얼른 자신의 팔을 거두면서 피한다. 가짜 팔을 자신의 일부로 인식하게 된 것이다. 물론 쓰다듬는 경험이 없는 상태에선 나타나지 않는 현상이다.

　결국 뇌는 편법으로 나를 인식한다. 내 몸의 모든 것을 나로 인식하는 것이 아니라, 내 몸에 달린 팔, 다리, 피부와 같은 오브젝트들이 내가 조종할 수 있는 것으로 인식될 때 나로 인식하는 것이다. 내 몸에서 피를 뽑아 현미경으로 보면 백혈구가 움직이고 있는데, 그것이 내 몸에서 나왔음에도 뇌는 그 백혈구가 나의 일부임을 느낄 수 없다. 또한 내가 무슨 명령을 해도 그 백혈구는 현재 하고 있는 식사를 멈추지 않는다.

일본 역사에서 근대화 이전에 사무라이 시대가 있다. 각 지역마다 성이 있고 이를 지배하는 영주를 다이묘라 한다. 다이묘들은 전쟁에서 패해 성을 지키지 못하면 할복을 하여 생을 마감했다. 자신의 생명을 결정할 권한을 남에게 넘기지 않겠다는 의도다. 뇌 과학적으로 보면 다이묘들은 자신의 성을 자신과 동일시했다. 그래서 승패의 기준을 성이 점령당하는 것으로 삼은 것이다. 그러나 조선은 달랐다. 선조는 왜군이 침략하자 한양 도성을 버리고 평양으로 피신했고, 평양으로 왜군이 진군하자 의주로 피난을 갔다. 당시 선봉장이었던 고니시 유키나가는 인지부조화 현상으로 매우 황당했을 것이다. 그들은 왕이 성을 버릴 것이라 생각지 못했기에 왕이 있는 성으로 쾌속 진군을 했다. 이로 인해 전세가 뒤바뀐다. 전열이 너무 길어져 전쟁 물자 보급이 어려워진 데다 이순신이 바다를 통한 보급로를 차단하니 진퇴양난이 되었다. 아마도 선조의 뇌 속에 존재하는 오브젝트 세계에선 나의 개념이 일개 성이 아닌 조선이라는 시스템으로 확장되어 있었던 것 같다. 그리하여 선조는 비교적 손쉽게 피난을 갈 수 있었고 선조만 쫓느라 보급선이 늘어진 일본의 약점을 이순신이 파고 들어 임진왜란에서 승기를 잡을 수 있었다.

자신이 속한 집단을 자신의 일부로 확장할 수 있는 것은 리더의 훌륭한 자질이다. 다만 나의 개념을 확장한 결과 내가 집단을 위해 희생해야 한다고 생각하고 헌신할 수도 있고 혹은 반대로 생각할 수도 있다. 이것이 이순신과 선조의 차이다.

나와 남을 구별하는 능력

뇌가 나를 인식하여 나의 범위를 결정한 다음에는 모든 에너지가 나를 향하도록 행동을 조종한다. 어린아이는 먹을 것을 손에 쥐면 자신의 몸인 입으로 가져간다. 동생이 과자를 먹고 있으면 그것을 빼앗아 자신의 입 속으로 넣는다. 그 순간 엄마가 야단을 치면, 그 행동은 생존에 도움이 되지 않음을 배운다. 경험을 통해 보상을 얻는 방법은 점점 더 세련되어 가지만, 그 목적은 결국 세상에서 내게 유용한 오브젝트들을 획득하는 일이므로 이기적인 것이다.

범죄는 나의 이익을 위해 남의 이익을 해치는 행동 중에 법으로 금지한 것이다. 범죄자들은 범죄를 저지를 만한 특징을 따로 갖고 있지 않다고 한다. 살인범 중에도 매우 선하여 남을 때리지도 못할 성정을 가진 이도 있다고 한다.

범죄의 원인은 무엇인가? 동물행동학적으로는 범죄는 사회적 동물의 특권이기도 하다. 내가 가진 것이 없어도 이웃의 것을 훔치거나 빼앗아 활용할 수 있는 가능성이 있는 것이다. 사회적 자원의 이기적인 활용은 개인에게 매우 큰 이익을 준다. 따라서 뇌가 나와 남을 구별하여 나의 이익을 극대화하는 것이 범죄의 근본적인 원인이라 할 수 있다.

그렇다면 뇌의 본성은 범죄로 나아갈 수밖에 없는 것인가? 사회에는 개인의 반칙에 대한 안전장치가 있다. 사회적으로 반칙을 공개하고 벌을 준다. 범죄란 절대적인 것이 아니고 이러한 벌의 기준에 따라 결정된다. 개인의 이기적인 행위를 방조하는 사회는 와해되었고, 이들의 행동 중 일부를 범죄로 결정하고 벌을 주는 문화가 있는 사회는 유지되고 협력이 강화되었다고 볼 수 있다. 개인의 범죄를 막는 것도 중요하지만 범죄를 통한 이익보다 협력과 공정한 경쟁을 통한 이익이 언제나 크도록 사회를 만들어가는 것이 더 중요하다.

협력하는 사회에는 수많은 영웅들이 있다. 타인을 위해 생명의 위험도 감수하는 사람들을 우리는 '영웅'이라고 부른다. 남을 구한 사람들을 인터뷰해보면 한결같이 "누구라도 그렇게 했을 것이다"라고 하면서 "그 순간 나도 모르게 몸이 남을 돕는 방향으로 움직였다"라고 말한다. 이것은 뇌의 자기 보호 본능을 고려하면 불가능한 상황이므로 이기적인 뇌 이론으로는 설명이 안 되는 답변이다.

어떤 환경에서는 한 개체가 양육과 자원을 자신의 번식에 사용하기보다 이미 태어난 자손에게 사용하여 더 많은 성숙한 자손을 남길 수 있다.

-윌리엄 해밀턴[18]

윌리엄 해밀턴William Hamilton의 포괄적 적응inclusive fitness 이론에 따르면 영웅적 행동이 결국 유전자를 퍼트리는 데 긍정적인 역할을 했기에 사회 속에 이타적인 행동이 남아 있다고 설명한다. 그러나 그것은 궁극적으로 그리되었다는 설명이고 그 순간 그가 왜 그런 행동을 했는지는 설명해주지 않는다.

뇌가 만드는 '나'의 개념을 오브젝트로 설명한다면 '나'라는 오브젝트는 신경의 연결을 통해 확장이 가능하다. 영웅들의 뇌 속에 '나'의 개념이 확장되어 있다고 볼 수 있다. 가족과 친구, 동료, 국가에 이르기까지 나의 개념과 연결된 대상들이 나를 이루게 된다. 위험에 처한 나를 구하듯 위험에 처한 그를 구하게 되는 것이다. 우리가 흔히 이기적이라고 말하는 행동은 나의 범위가 나로 한정되어 있을 때 나타나는 현상이다. 그러나 이타적인 행동도 확장된 나를 위한 이기적인 행동으로 설명 가능하다.

2004년《사이언스》에 보고된 뇌 영상 실험은 놀랍다. 병으로 누워 있는 환자의 뇌와 그 환자를 사랑하는 사람의 뇌를 사진 찍었더니 마음의 아픔을 담당하는 ACC라는 뇌 부위가 동시에 활성화되었다. 환자는 몸이 아프기에 통증을 담당하는 체성감각피질과 ACC가 활성화되었는데, 환자 보호자에게는 ACC만 활성화되었다. 실제 몸은 아프지 않지만 ACC를 통해 함께 마음의 아픔을 공유하고 있는 것이다. 이것을 공감empathy이라 한다.

그러나 이것은 ACC에서 신호가 증가되었다는 것을 보여주었을 뿐 실제 ACC 신호가 공감에 중요한지를 검증한 것은 아니다. 미국의 로버트 말렌카Robert Malenka 박사 연구팀은 쥐에서 통증에 대한 공감이 일어날 때 기능적으로도 ACC가 중요함을 밝혔다. 친구가 아픈 것을 보면 함께 있던 친구도 통증을 느끼는데 이때 ACC 신경이 흥분된다. 그런데 빛으로 신경을 억제하는 광유전학적인Optognetics 기술로 ACC 신경을 억제하면 이런 공감이 일어나지 않는다.

원숭이 실험에서도 비슷한 결과가 있다. 바나나를 먹는 원숭이를 지켜보는 다른 원숭이 뇌에서 마치 바나나를 먹을 때와 같은 뇌신경의 활성이 나타난다. 이러한 교감empathy 과정에서 활성화되는 신경을 거울신경mirror neuron이라고 한다.[19,20]

거울신경의 존재는 나의 개념이 타인에게 확장할 수 있음을 보여준다. 굶주리는 타인을 보면 마치 내가 굶는 것처럼 마음이 아파 먹을 것을 나눈다. 위험에 처한 사람을 보면 마치 내 몸과 같이 도움의 손길을 건네며, 추위에 떠는 이를 보면 함께 추위를 느끼며 내가 가진 온기를 나누어주기도 한다. 타인에게서 나의 내면을 들여다볼 수가 있으니, 거울신경이 존재함으로 인해 우리 사회에 따뜻한 온정의 목소리가 들려올 수 있는 것 아닐까?

결국 사회적 관계의 연결은 신경의 연결이다. 그 연결은 서로 다른 뇌 간에도 기능적으로 가능하다. 내가 고통받는 누군가를 돕는 행위를 하는 것은 그 사람이 받는 고통을 나 또한 느낄 수 있기 때문이다. 그를 고통에서 구해 행복하게 해주면 나 역시 고통에서 벗어나 행복해질 수 있게 된다.

'네 이웃을 네 몸과 같이 사랑하라'

윤리적 의무감으로 이기적인 본능을 누르고 남을 나와 같이 사랑하기란 쉽지 않다. 그러나 신경과학적으로 본다면, 뇌 속에서 형성된 정보로서의 나의 개념을 이웃으로 확장하는 것이 가능하다. 이렇게 되면 보다 쉽게 다른 사람을 배려하고 마치 내 몸과 같이 사랑할 수도 있게 될 것이다.

05

뇌는 시간을
어떻게 인식하는가?

뇌는 시간을 버리면서
때를 기다린다.

뇌는 보이지 않는 시간을 어떻게 알 수 있을까? 뇌는 사물의 변화를 느낀다. 대상이 이전과 다른 상태로 변화해도 다른 대상이라고 파악하지 않고 뇌는 동일한 대상이 변했다고 파악한다. 동일한 대상이 변했다면 그 변화의 원인이 무엇일까? 아마도 사물마다 원인이 모두 다를 것이다. 그러나 모든 변화의 공통적인 원인은 시간이다. 세상의 모든 것이 변하고 변하지 않는 것은 없다고 한 헤라클레이토스의 말은 시간의 흐름에 대한 이야기다. 고로 시간은 발견되는 것이 아니라 사물의 변화를 설명하기 위해 있어야 하는 존재다.

나는 30분 이내의 절대시간을 감지하는 능력이 있다. 반복 작업을 하는 직업을 가진 사람들이 대부분 경험하는 것이다. 대학원생 때 나의 프로젝트는 줄기세포를 배양하여 특정 유전자를 없앤 뒤 다시 생쥐를 만드는 일이었다. 이러한 기술을 유전자 적중gene targeting이라고 하는데 당시엔 세계적으로도 몇 개의 실험실에서만 가능한 첨단기술이었다.

유전자 적중을 위해 가장 중요한 일은 줄기세포를 키우는 일이다. 잘 자란 줄기세포를 새로운 배지로 이동시키기 위해서 세포를 배양기에서 떼어낸 뒤 원심분리를 해야 한다. 줄기세포 배양액을 원심분리기에 넣고 돌리면 배양액은 위에 뜨고 살아 있는 세포들은 중력에 의해 바닥에 가라앉으므로 세포들을 분리해낼 수 있다.

당시 원심 분리하는 시간이 5분이었다. 그런데 같은 행동을 수백 번 반복하다 보니 나의 뇌 속에 5분을 기억하는 기능이 생겼다. 5분이 되어갈 때쯤 머릿속으로 '땡' 하면 거의 1~2초 차이로 원심분리기가 멈추었다. 이렇게 익힌 기능을 나는 면접이나 발표를 할 때 매우 유리하게 사용했다. 발표시간이 20분 주어지면 원심분리기를 네 번 돌리는 시간이므로 시계를 보지 않아도 때가 되면 뇌가 저절로 알려주었다. 원심분리기 덕에 나의 뇌 속엔 시계가 만들어졌고 지금도 시간이 정해진 발표에 어려움이 없다.

사실 시간은 사물이 아니기에 뇌가 대상으로 인식하기 어렵다. 내가 5분을 잘 기억하고 느낄 수 있는 이유는 원심분리기가 시계

역할을 했기 때문이다. '윙' 하고 돌기 시작해서 '우위잉' 하고 멈출 때까지를 나는 청각이나 시각으로 느낄 수 있었다. 즉, 나에게 원심분리기는 5분이라는 시간을 알려주는 시계인 셈이다.

뇌가 시간을 느끼는 것은 외부 사물의 변화를 통해서만이 아니다. 뇌는 스스로의 변화를 통해서도 시간을 느낀다. 뇌 속에 주기적으로 변하는 신경세포의 활동을 통해서도 시간을 느낄 수 있다. 흥미롭게도 우리 몸의 모든 세포에는 주기적으로 변하는 시계가 있다. 이를 생체시계라 한다.

크로노스의 시간과 카이로스의 시간

우리는 꼭 시계가 없어도 시간을 느낄 수 있다. 시계가 없어도

'지금쯤 잘 때구나', '일할 때구나', '밥 먹을 시간이 되었구나'라는 사실을 안다. 뇌는 몸에 존재하는 생체시계를 통해 시계를 보지 않아도 때를 알 수 있다.

몸 속에 존재하는 생체시계를 밝힌 사람은 2017년 노벨 생리·의학상을 받은 미국 메인대의 제프리 C. 홀Jeffrey C. Hall 교수와 브랜데이스대의 마이클 로스바시Michael Rosbash 교수, 록펠러대의 마이클 영Michael W Young 교수다. 이들은 사람을 비롯한 동물과 식물 세포 안에는 생리현상을 주관하는 생체 리듬, 즉 시계와 같은 메커니즘이 작동하고 있다고 말한다.

몸 속에는 다양한 시계가 있는데, 밤과 낮의 하루 주기, 체온 변화와 같이 하루보다 짧은 주기, 혹은 월경이나 계절과 같은 긴 주기를 알 수 있게 한다. 다만 하루를 알려주는 몸 속에 존재하는 생체시계의 주기는 24시간이 아니고 대략 25시간이다. 뇌는 생체시계를 밤낮 주기에 맞추어 매일 매일 새롭게 시간을 맞춘다. 사용하기에 조금 불편한 시계인 셈이다. 뇌가 느끼는 시간의 개념은 절대적인 시간을 정확히 알기 위함이 아니라 적절한 때를 파악하기 위함이다.

뇌가 특정한 행동을 하기 위해 기다리는 시간을 '때'라고 한다. 고대 그리스인들은 이러한 시간과 때의 개념을 구분해서 이해했던 것 같다. 크로노스chronos는 해가 뜨고 지고 영원히 흘러가는 시간을 의미하고 카이로스kairos는 주관적 시간으로 특별한 때 혹은 기회를 뜻한다.

신화에 등장하는 카이로스는 앞쪽 머리카락은 길지만 뒤통수는 대머리인 신이다. 기회가 왔을 때 재빨리 잡지 않으면 놓치고 말아 내 것으로 만들 수 없음이 신화에 투영되었다. "시간을 낭비하지 말라"는 말은 물리적인 시간을 조작하라는 의미가 아니라 때를 놓치지 말란 뜻이다. 크로노스의 시간은 물리적으로 흘러가는 강물과 같아 인간의 힘으로 어찌할 수 없다. 다만 크로노스의 강물 위에 떠내려가는 카이로스의 배에는 인간이 올라탈 수 있다.

부모는 늘 자식들이 게임이나 놀이에 빠져 방만한 생활로 시간을 낭비한다고 걱정한다. 그러나 자녀들이 적절한 때에 결정적인 인생의 순간을 스스로 깨닫고 낚아채기 위해서는 내면의 농익는 시간이 필요하다. 자녀들이 시간을 버리는 것은 때를 기다리기 위함이라고 해석할 수 있다. 따라서 부모의 역할은 자녀들과 함께 때를 기다려주는 것이다. 영화 「기생충」에서 송강호가 말했듯이 그들은 다 계획이 있다.

1949년에 뉴욕에서 개봉된 영화 「삼손과 데릴라」에서 여주인공을 맡은 헤디 라마르 Hedy Lamarr는 어릴 때부터 매우 자유로운 환경에서 자랐다. 부모는 늘 그녀가 하고 싶은 것이 무엇인지 생각해보라고 했다. 배우로서 명성을 날리고 있을 때, 그녀는 취미로 다양한 발명품을 개발하는 데 관심이 많았고 2차 세계대전 당시 어뢰를 무선으로 조절할 수 있는 주파수 도약 기술 frequency hoping을 개발했다. 어뢰를 조종하는 주파수를 실시간으로 바꾸기에 적군이 방해 전파로 막기 어려워진다. 그러나 당시 여성이 주도적으로 사회적 영향을 끼치지 못하던 시절이었고 그녀가 개발한 기술은 시대를 앞서가는 것이어서 당대에는 활용되지 못했다. 훗날 1980년대 이후 본격적으로 상용화되기 시작했다. 그녀가 개발한 기술을 활용해 현재 우리가 사용하는 블루투스, CDMA, 와이파이 기술의 모델로 발전했다. 그러나 당시는 여성이 주도적으로 사회적 영향을 끼치지 못하던 시절이었다. 오랜 시간이 지나 자신의 기술이 사회에 널리 활용되는 감회를 묻는 질문에 이미 인생의 황혼을 넘은 그녀는 답했다. "이제 때가 온 것이지요."

인생의 성공은 일면 어렵지 않다. 10년 혹은 그 뒤에 일어날 일을 지금 하고서 때를 기다리면 된다. 물론 무선 송수신을 상상했던 테슬라와 같이 너무 앞서가면 그 열매를 당대에 경험할 수 없을지도 모른다. 때를 기다릴 줄 아는 사람, 그리고 그 때를 상상하며 미래를 설계할 수 있는 사람은 이미 성공한 사람임에 틀림없다.

06

뇌는 공간을
어떻게 알 수 있을까?

뇌는 신경신호로 이루어진
공간지도를 만든다.

국어학자, 물리학자, 천문학자, 수학자, 철학자에게 각각 '공간의 정의는 무엇인가요?'라고 질문한다면 아마 다음과 같이 대답할 것이다.

국어학자: 물질이나 물체가 존재할 수 있는 장소다.

물리학자: 어느 한 위치가 3개의 좌표 축에 의해 기술되는 것을 말한다.

천문학자: 우주에서 물질 외에 모든 빈 부분이다.

수학자: 내가 말해줘도 당신은 이해하지 못한다. 유클리드 공간, 힐

베르트 공간, 확률공간, 위상공간이다.

철학자: 공간은 관계인가, 실체인가?

세상 만물에 관한 모든 논의는 공간 속에서 이루어진다. 그러나 누구도 절대적인 공간의 속성을 설명하기란 쉽지 않다. 만일 물리적 속성이 있는 대상이라면 그것은 사물이며 이미 공간이 아닐 것이다.

그럼에도 불구하고 중요한 것은 뇌가 공간을 느낀다는 점이다. 뇌가 공간에 해당하는 신경신호를 지속적으로 만들어내고 있기 때문이다.

녀를 어떻게 찾을 수 있을까?

사람들로 북적이는 지하철역에서 사랑하는 사람을 만났을 때, 그녀만 빼고 배경이 부옇게 보이는 것은 그녀만 오브젝트로 인식했기 때문이 아니다. 그녀 외에 나머지 공간을 오브젝트로 인식했기 때문이다. 뇌를 살펴보면 그녀에 해당하는 신경들이 흥분을 하여 서로 연결되는 동안 그녀를 둘러싼 주변에 해당하는 신경들도 서로 연결되어 공간으로 인식된 것이라 할 수 있다. 뇌가 인식하는 공간은 신경이라는 실체가 있지만 이에 대한 물리적 실체를 세상에서 찾으려고 하니 답이 쉽게 나올 수 없다.

만일 아무것도 없고 공간만 있는 곳에 인간이 있다면 인간은 그 공간을 느낄 수 없을 것이다. 뇌는 공간에 존재하는 오브젝트들의 상호 관계를 통해 공간의 존재를 예측하고, 특정 사물들이 존재하는 공간을 장소라고 인식한다. 이렇게 뇌는 공간을 장소라는 오브젝트로서 이해한다. 뇌는 어떻게 그녀가 있는 장소, 그녀의 집, 그녀의 직장 등 장소를 찾아낼 수 있을까?

첫째, 방위감각compass sense이다. 바다 멀리 나가 먹이 활동을 하는 알바트로스는 동서남북을 인식하여 집으로 돌아온다. 1차 세계대전 당시 커뮤니케이션을 위해 사용했던 비둘기 전서구도 마찬가지다. 정오에 태양의 위치가 남쪽이라는 방위를 인식한 뒤 자신의 집으로 돌아가는 것을 이용했다. 뇌 속에는 생체시계가 있어서 시각과 태양의 위치 관계를 판단할 수가 있는 것이다. 만일 비둘기를 6시간 늦게 빛이 들어오고 6시간 빠르게 불이 꺼지는 환경에서 키운다고 가정해보자. 그 비둘기를 12시 정오에 놓아주면 그때는 태양의 위치를 동쪽으로 인식한다. 그래서 남쪽이 아닌 서쪽으로 날아간다.

둘째, 공간감각spatial sense이다. 1999년 내가 뉴욕주립대 의대에 박사 후 연구원으로 방문했을 당시, 맨해튼 거리를 거닐 때면 늘 세계무역센터 쌍둥이 빌딩이 보였다. 뉴욕 어디를 가나 보이던 쌍둥이 빌딩은 뉴욕의 랜드마크였다. 그런데 9·11 사태로 처참히 무너지고 말았다. 뉴욕 시민들에게 쌍둥이 빌딩이 사라진 공간은 마음의 구멍이 되었다.

빌딩이 사라지고 사람들의 마음이 갈 곳 잃고 헤매게 되었듯, 실제로 맨해튼 길거리를 거닐 때면 늘 보이던 그 빌딩이 방향을 알려주는 중심이 되어주곤 했는데 한순간 사라졌다. 공간 감각은 물체들의 상호 관계 속에서 형성되는데 쌍둥이 빌딩이 사라지자 마치 모르는 곳에 온 것처럼 당황하게 되었다.

2014년 노벨 생리·의학상은 미국의 존 오키프John O'Keefe와 노르웨이의 과학자 부부인 마이브리트 모세르May-Britt Moser와 에드바르 모세르Edvard Moser가 수상했다. 이들은 해마에서 신경세포들이 만들어내는 지도를 연구했는데, 오키프 교수는 공간을 인식하는 신경세포들을 발견하여 위치세포place cell라고 명명했다.[21] 위치세포들은 장소에 따라 역할을 분담하여 어떤 세포는 귀퉁이에서만 발화하고 어떤 세포는 중앙에서만 발화한다. 마치 우리가 화장실이나 안방이나 거실에 갈 때 위치 신호를 보내는 서로 다른 해마 신경세포가 있는 것이다. 한편, 마이브리트 모세르와 에드바르 모세르 교수는 특정 장소에서 일정한 패턴의 격자모양으로 반응하는 격자세포grid cell를 발견했다.[22]

이렇게 우리 뇌 속엔 신경세포 지도가 있다. 그리고 이러한 위치세포와 격자세포는 경험적으로 생성된다. 즉, 뇌가 절대적인 공간을 인식하는 것이 아니라 경험할 수 있는 장소에 대하여 위치정보를 생성하는 원리다. 뇌 손상이나 치매에 걸려 이들 공간세포들이 죽게 되면 공간에 대한 감각도 무뎌진다.

상상할 수 없는 무한을 상상하는 일

공간(공간은 영어로 space다), 즉 우주가 무한일까, 유한일까에 대한 질문은 누구나 살면서 한번쯤은 해보는 질문이다. 무한하다는 것은 어느 정도를 뜻하는 걸까? 무한은 우리가 상상할 수 없는 대상이기에 무한이 실제로 존재하는지는 알 수가 없다. 그런데 흥미롭게도 뇌는 없는 것 혹은 한계가 없는 상태도 마치 존재하는 오브젝트인 것처럼 '무無' 또는 '무한無限'이란 이름으로 인식한다.

무한을 경험해보지 않고 알 수 있다는 것은 신기한 뇌 기능이다. 하지만 무한성은 우리 생활 속에 다양한 형태로 녹아 있다. 종이를 자르다 보면 이론상은 무한대로 나눌 수 있다. 내가 반복하는 삶도 계속 반복된다면 무한이 된다. 나의 자손도 계속 자손을 낳는다면 시간이 허락하는 한 무한이다. 다만 무한이 뇌 속에만 존재하는 개념인지 정말 실존하는지 파악하기는 쉽지 않다. 혹자는 무한이란 한계가 없다는 뜻인데 세상에 한계가 없는 것을 확인한 적도 없고 확인할 수도 없기에 허구 개념이라고 주장하기도 한다.

수학자인 힐베르트D. Hilbert는 무한의 개념을 호텔방이라는 사물로서 설명한다.[23] 어떤 호텔에 방이 무한하게 많은 호텔이 있고 방마다 사람이 모두 들어가 있다면 새로운 손님은 어느 방에 넣을 것인가? 방이 무한하므로 손님은 얼마든지 받을 수 있으나 다만 몇 호실이 비어 있는지 알 수 없다.

힐베르트는 이 문제를 간단히 해결한다. 모든 방에 스피커로 "손님들 지금 있는 방 번호에 1을 더한 방(N+1)으로 옮겨주십시오."라고 공지한 후에 새로운 손님을 1번 방으로 모신다는 것이다. 만일 무한 개의 차량으로 이어진 기차가 와서 방을 찾으면 어떻게 할 것인가? "손님들 지금 있는 방 번호에 2를 곱한(2N) 방으로 옮겨 주십시오."라고 한 뒤에 기차 손님들을 줄을 선 순서대로 2N-1 번 방으로 모시면 된다.

이렇게 무한을 사물화하면 무한을 설명할 수 있는 것처럼 보인다. 무한에 대한 힐베르트의 설명은 아직도 논란이 많다. 무한이란 경험할 수 없는 가상의 상태이므로 과학적으로 설명이 된다면 무한의 존재를 인정해야 하기 때문이다. 힐베르트는 무한의 존재가 인정된다면 무한이 존재할 더 큰 공간과 차원이 존재할 것이고 정의상 무한인 신의 존재로까지 확대될 수 있다고 생각했다.

뇌가 공간뿐 아니라 공간의 무한성을 이해하는 것은 어떤 이유일까? 다양한 답이 가능하지만 분명한 것은 유한한 자신의 존재를 파악하는 데 큰 도움을 준다는 사실이다. 진정한 지혜는 무한히 반복될 것 같은 나의 삶이 실제론 그렇지 않다는 것을 깨닫는 데서부터 시작되며, 이러한 깨달음은 무한의 공간에서 유한한 자신이 할 수 있는 일을 찾아가는 중요한 좌표가 된다.

3부

몰입의 힘은
내 안에 있다

: 우리는 어떻게 대상에 끌리고 집중할까?

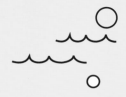

**뇌가 끌림을 유도하는 원리를 알면
일도 인간관계도 한결 명쾌해질 수 있다.**

01

끌림을 만드는 신경은
어디 있을까?

뇌의 시상하부에는 오브젝트에 대한
애착을 형성하는 신경이 살고 있다.

2016년 힐러리 클린턴이 도널드 트럼프와 미국 대통령 자리를 놓고 한창 경쟁하던 때, 힐러리 클린턴의 남편인 빌 클린턴 전 미국 대통령이 엉뚱한 곳을 보고 집중하는 영상이 찍혀 곤혹을 치른 적이 있다. 바로 옆에 아내가 있는데도 빌 클린턴의 눈과 신경이 도널드 트럼프의 딸인 이방카 트럼프에 몰입하고 있어 구설수에 오른 것이다.

이런 구설수에 오른 건 비단 빌 클린턴뿐만이 아니다. 버락 오바마를 포함한 전직 미국 대통령들도 이런 사례가 많지만 꼭 유명한 사람들까지 갈 필요도 없다. 주변의 많은 사람들이 적당하지 않은 때와 장소에서 몰입해서는 안 되는 대상에 시선이 빼앗겨 실수를 하고 곤혹을 치른다.

오스카상을 받은 배우이자 모델인 마리옹 코티야르Marion Cotillard는 여성에 대한 남성들의 시선에 대하여 코믹한 홍보영상을 만들어 '눈을 바라보자'는 메시지를 전한 적이 있다.[24] 영상에서 마리옹 코티야르는 가슴 모양 장난감을 이마에 붙이고 나온다. 자신의 눈을 바라보지 않고 가슴에 집중하던 남성들이 이 장난감을 이마에 붙였더니 비로소 눈을 쳐다보더라는 것이다.

뇌는 적응과 번식에 가치가 있는 오브젝트를 향해 자동으로 끌린다. 뇌가 만들어낸 이런 행동을 정작 본인은 알아채지 못할 수도 있다. 본능적인 시선이 부적절한 곳으로 향하는 것은 뇌에 신경회로 프로그램이라 바꿀 수도 없다. 다만 이 상태를 1초 이상 지속하며 느끼는 것은 나의 책임이다. 눈길이 저절로 어딘가로 향하는 것은 뇌의 기능이지만 바로 원래 자리로 되돌릴 수 있는 것도 뇌의 기능이다.

조절되지 않는 애착은 병이다

1973년 동물의 본능행동 연구로 노벨상을 수상한 니코 틴베르헌Niko Tinbergen은 동물이 매 순간 한 번에 한 가지 동기에 집중하고 있다고 했다. 집중한다는 것은 우선 목표에 대하여 끌림이 있어야 가능하다.

뇌는 모든 오브젝트에 끌리는가? 아니면 끌림을 만들어내는 특정 오브젝트가 있는 것인가? 뇌는 모든 새로운 오브젝트에 호기심을 보이고 끌림을 만들어낸다. 그러나 관심이 평등하지 않다. 뇌는 선천적으로 생존이나 번식에 관련된 가치가 높은 오브젝트에 더 큰 끌림을 만들어낸다. 콜린 체리E. C. Cherry가 이름을 붙인 '칵테일 파티 효과'에서 볼 수 있듯이 파티장에서 웅성거리는 많은 사람의 소리들 중에서도 사람들에게는 자신에게 가치 있는 정보만 들린다.[25] 자신의 이름이나 성적인 내용이 특히 잘 들린다고 하는데, 이는 자신의 생존과 번식에 중요하기 때문이다.

끌림으로 대상에 접근하여 생존과 적응에 유리한 보상을 얻게 된다면 이후 그것에 더욱 몰입하게 된다. 만일 더 이상 보상이 없거나 해로운 경우 몰입을 중단해야 하는데, 중단하기 어렵다면 이미 집착이나 중독 상태로 발전한 것이다. 과거에 보상을 받은 성공이 현재를 붙잡는 것이다.

예를 들어 코닥이나 아그파와 같이 한때 세계 사진 업계를 지배하던 회사들이 지금은 고전을 면치 못하는 것은, 디지털 카메라 사업에 투자를 하지 못했기 때문이 아니다. 그동안 일궈온 성공에 중독되어 시대적 변화를 따르지 못했기 때문이다.

오브젝트에 대한 애착은 과도할 경우 병으로 발전할 수 있다.

영화 「가위손」과 「드라큘라」에서 청순한 매력을 보여준 배우 위노나 라이더Winona Ryder는 상습적인 도벽으로 구설수에 올랐다. 성공한 여배우가 돈이 없어 물건을 훔쳤겠느냐는 파장이 있었고, 본인은 연기 연습이라 변명했다.

언제 어디서든 물건을 살 수 있을 만큼 쇼핑문화가 발달한 요즘, 쇼호스트의 광고를 보고 나도 모르게 주문을 하는 쇼핑중독도 비슷한 경우다. 영국에서는 2016년부터 쇼핑중독을 병으로 보고 치료를 권하고 있다. 물건을 사는 데서 그치지 않고 모으는 데 집착하기도 한다. 수집강박증object hoarding disorders은 물건을 수집하고 버리지 못하는 뇌 질환이다. 물건에 대한 애착이 심해 집 안을 온갖 잡동사니로 채운다. 심해지면 생활환경이 열악해져서 결국 이들을 구출해야 한다.

강박증의 존재는 우리 뇌 속에 물건에 대한 애착을 유발하는 기제가 존재한다는 증거다. 이러한 증거들은 뇌 속에 오브젝트에 대한 애착을 형성하는 기전이 있고 그것이 잘 조절되는 것이 중요하다는 사실을 보여준다.

02

너만 선명하게
보이는 이유

뇌 속에는 대상을 아웃포커스하는 기능이 있어
집중하고 몰입하게 한다.

내가 사랑하는 그녀를 발견했을 때, 신촌 지하철역 앞에는 수 많은 사람들이 있었지만 오직 그대만이 선명하게 보였다. 뇌가 배 경과 구분하여 그녀를 오브젝트로 인식해 집중하고 몰입했기에 일어난 아웃포커스 현상이다.

실제로 눈에는 일종의 아웃포커스 기능이 내장되어 있다. 지금 손가락을 허공에 들고 시선을 손가락 끝에 고정해보자. 손가락만 선명하고 주변은 부옇게 보일 것이다. 망막의 중앙에 위치한 황반 fovea에 빛을 감지하는 수용체와 신경들이 몰려 있는데 손가락이 황반에 맞춰져 나타나는 현상이다.

눈은 몇 만 화소나 될까? 시신경의 수로 해상도를 계산해보면 우리 눈은 대략 40만 화소 정도밖엔 안 된다. 최신 휴대전화가 1억 화소라는데 너무 적은 수치 아닌가? 만일 화소수를 높여 화질을 증가시키려면 눈이 지금보다 세 배 이상 더 커져야 한다. 대신 뇌는 눈을 움직여 시각신경세포들이 집중되어 있는 황반 영역으로 전체 화면을 스캐닝하는 방식을 택한다. 눈앞에 펼쳐진 광경에서 다양한 사물을 스캐닝하여 짜깁기하는 방식이다.

이러한 짜깁기 방식은 장점이 많다. 우선 낮은 화소수 즉, 작은 망막 사이즈로 넓은 화면을 인식할 수 있다. 덕분에 바닷가와 하늘에 펼쳐진 시원하고 넓은 풍경을 볼 수 있다. 또한 눈은 아무리 뛰어도 화면이 흔들리지 않는다. 반면에 카메라를 들고 뛰면서 사진을 찍으면 사진 결과물은 엄청나게 흔들려 나온다. 카메라 렌즈가 전체 화면이 되기 때문에 카메라가 흔들리면 전체 화면이 흔들리게 된다. 그런데 짜깁기 방식에서는 한 순간 눈이 본 시각 정보가 하나의 퍼즐 조각일 뿐이므로 뛸 때 눈이 흔들려도 서로 다른 퍼즐 조각이 뇌 속에 들어가 넓은 그림으로 완성된다.

잘못된 설계라고 오해받는 눈의 구조

위 그림은 눈 속에 있는 망막신경회로 구조다. 맨 오른쪽에 광

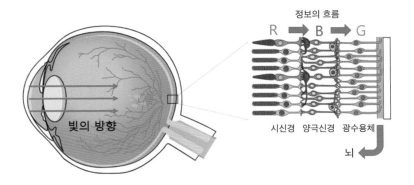

공학자들이 구상할 수 있는 망막 구조

정보의 흐름

R ➡ B ➡ G

빛의 방향

시신경 양극신경 광수용체

뇌

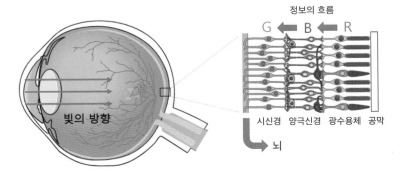

실제 망막 구조

정보의 흐름

G ⬅ B ⬅ R

빛의 방향

시신경 양극신경 광수용체 공막

뇌

수용체(R)photoreceptor가 배열되어 있다. 광수용체가 빛을 받아 흥분을 하면 신호가 양극성 세포(B)bipolar cell로 전달되고, 이어서 시신경세포(G)ganglion cell로 전달된다.

　그런데 이러한 인간의 눈 구조가 잘못되었다고 지적하는 과학자들이 있다. 왜 그럴까? 문제는 빛의 방향에 있다. 인위적으로 눈

구조를 만든다면 빛이 들어오는 방향과 정보의 흐름에 따라, 빛을 받는 광수용체(R)가 제일 앞에 오도록 하고, 그 신호를 받는 신경들이 뒤에 오도록 하여, (R) → (B) → (G) 순서가 되도록 배열할 것이라는 주장이다. 그런데 인간의 눈은 (G) ← (B) ← (R) 순으로 배열되어 있어, 이런 설계는 비효율적이라는 거다. 그러나 이런 주장이야말로 맞지 않다.

만일 눈이 (R) → (B) → (G) 순서로 배열되었다면 어떻게 될까? 첫째, 반사광 문제가 생긴다. 광수용체가 맨 앞에 나와 있으면 광수용체를 지난 빛이 안구 벽에서 튕겨져 나와 다시 광수용체에 전달되어 혼선을 줄 수 있다. 그러므로 망막의 벽에 붙은 형태로 광수용체를 배치해 반사광을 막도록 한 것은 놀라운 디자인이다.

눈에 대한 또 다른 결점으로 맹점이 지적된다. 시신경의 신경 다발이 앞쪽에 배치되어 있어 다시 뇌로 가기 위해선 망막을 뚫고 지나가야 하는데 이 부분에 해당하는 시각 화면은 볼 수 없는 것이다. 카메라와 비교해보면 말도 안 된다. 어떤 카메라가 사진을 찍었는데 모든 사진에 검은 점이 항상 생긴다면 그 사진기를 누가 구매하겠는가? 이것 또한 옳지 않은 지적이다. 앞서 말한 대로 사물을 집중해서 보는 부분은 황반fovea이고, 이 부분을 이용해 대상을 스캐닝하여 인식한다. 맹점은 황반과 겹치지 않는 곳 즉, 광수용체가 많지 않은 곳을 통해 뇌로 가기에 전혀 문제될 것이 없다. 맹점의 부분도 황반으로 스캐닝하여 뇌 속에서 짜깁기하면 그만이다.

결론적으로 뇌는 사진과 같이 전체 영상을 공평하게 인식하기 위함이 아니다. 뇌의 시각 인식은 배경으로부터 오브젝트를 찾아내는 데 유리하다. 전체가 선명한 화면보다는 아웃포커스된 사진이 훨씬 대상과 배경을 잘 구분할 수 있다. 더군다나 눈의 복잡성과 정밀함에도 불구하고 눈은 매우 적은 수(많아야 2만 개)의 유전 정보로 만들어졌다. 같은 조건에서 같은 재료로 이보다 더 좋은 구조를 만들 수 있는 공학자만이 눈의 구조를 비판할 자격이 있다.

뇌 속에 있는 콘트라스트 애플리케이션

뇌는 늘 배경보다 대상에 집중한다. 우리 집 강아지가 어두운 데 있으면 주변보다 밝게 보이고 밝은 곳에 있으면 주변보다 어둡게 보인다. 주인공인 오브젝트를 배경보다 강조하는 콘트라스트 기능이다. 이러한 대비contrasting를 통해서 오브젝트를 보다 분명하게 볼 수 있도록 하는 것이 눈과 뇌의 시각 인지 기능이다. 이러한 대비는 원하는 먹이를 찾을 때나 숨어 있는 포식자를 찾을 때 매우 유리하다.

6·25전쟁 때 한국을 방문한 적 있는 1950년대 패션의 아이콘 미국의 여배우 매릴린 먼로 얼굴에는 점이 있다. 진짜처럼 보이는

이 점은 사실 화장품으로 그린 가짜다. 얼굴에 점이 있으면 피부가 더욱 하얗고 선명해 보이는 효과가 있다.

왜 그럴까? 까만 점이 대상이 되면 배경을 더욱 밝게 하는 콘트라스트 기능 때문이다. 눈의 망막세포가 빛을 받으면 주변시신경 세포들을 억제하는 주변억제현상lateral inhibition을 만들어낸다. 예를 들어 밤하늘의 별이 처음에는 잘 안 보이지만, 오래도록 하늘을 응시하면 점점 더 별이 밝게 보이는 것도 주변억제현상 때문이다.

독일의 생리학자 루디마르 헤르만Ludimar Hermann은 우연히 격자무늬를 보다가 흰색이 교차하는 부분에 회색 사각형이 보이는 현상을 발견했다.[26] 이러한 착시현상은 그의 이름을 따 헤르만 격자라고 불린다. 흰색을 담당하는 신경은 주변신경을 억제해서 어둡게 보이게 하는데 교차지점에선 사방이 흰색이므로 억제가 강하여 회색으로 보이게 되는 것이다.

그런데 교차지점에 마릴린 먼로 얼굴에 찍힌 점처럼 점을 하나 찍으면 회색이 사라진다. 까만 점을 담당하는 신경은 주변에 까만 점을 담당하는 신경을 억제하여 밝게 보이도록 하기 때문이다. 실제로 까만 선의 교차지점에 회색 사각형이 보인다. 사방에서 까만색이 억제신호를 보내어 밝게 보이게 하기 때문이다.

2005년《네이처》에는 배경에 따라 뇌의 시각 인식이 흑과 백조차도 뒤바뀔 수 있다는 증거를 발표했다. 배경 구름을 까맣게 하거나 희게 함에 따라 회색 달이 흰색으로도 보이고 검정색으로도

뇌 과학이 인생에 필요한 순간

보이는 환영을 만든 것이다.[27] 뇌는 객관적으로 감각자극을 받아들이기보다는 배경과 구별하여 달을 인지하는 데 목적을 가지고 있다는 증거다.

고흐의 그림이 아름다운 이유

명화들은 뇌를 호강시킨다. 실제 하늘을 보는 것보다 반 고흐가 그린 「폭풍에 휘말린 하늘과 밭」이나 「별이 빛나는 밤에」의 하늘이 더 큰 감동을 준다. 그의 그림들을 보면 청색이 밝고 맑고 청아해 보인다. 아무리 좋은 물감을 써도 그렇게 청아한 파란색이 나오지 않기 때문이다. 샤갈도 아름다운 청색으로 유명하여 당대에도 하늘이 내린 파란색을 쓴다고 찬사를 받았다. 고흐와 샤갈은 어떻게 빛나는 청색을 만들 수 있었을까?

아버지로부터 버림받고 정신병 투병생활 등 인생의 어두운 굴곡이 많았던 고흐의 그림에는 유난히 검정색이 많다. 그런데 그가 섞어 쓴 검은색은 주변 억제 현상으로 옆에 있는 색을 더 밝게 보이도록 한다. 파란색이 주변이라면 검은색 주변의 파란색이 좀 더 밝게 보이는 대비효과가 나타나는 것이다. 결국 그의 작품을 빛나게 했던 것은 작가와 관객의 눈이다. 작가의 의도에 따라 훌륭한 작품이 나오는 것이 아니고 뇌가 훌륭한 작품을 만든 셈이다.

뇌는 배경으로부터 대상을 대조시켜 구별하고자 한다. 수풀이 우거진 숲속에서도 먹잇감을 잘 찾기 위한 목적이다. 옷을 차려 입을 때도 대상을 대조시켜 구별하고자 하는 신경과학적 원리를 활용할 수 있다. 옷을 아무리 화려하고 멋있게 입어도 얼굴은 칙칙해 보일 수 있다. 옷이 밝으면 피부가 어둡게 보이고, 얼굴이 아닌 화려한 옷이 뇌의 관심을 모두 가져갔기 때문이다. 옷을 고를 때 어떻게 뇌에 잘 보일지 생각해보면 잘 입은 것처럼 보일 수 있다. 적당한 위치에 액세서리를 달면 뇌의 관심을 끄는 데 좋다. 매릴린 먼로가 얼굴 한쪽에 점을 찍었듯이 얼굴에 점을 찍거나 귀걸이나 목걸이 등 액세서리를 달아서 뇌의 관심을 끌어보는 것은 어떨까? 사람들의 뇌 속에 중요한 오브젝트로서 주목받을 수 있을 것이다.

03

내가 너에게
끌리는 이유

뇌는 외양에서 오는
다양한 감각자극을 통합해 친밀감을 만들어낸다.

사회적 끌림을 유발하는 다양한 조건 중 하나가 외양이다. 건강과 기능, 유전자 등 외양이 가치 정보를 반영하기 때문이다. 즉, 얼굴, 손, 피부, 다리 등 몸을 구성하는 오브젝트의 물리적인 특성이 뇌에 친밀감을 유도할 때 그것이 유전자 전달에 유리하게 작용한다. 머리를 빗고, 얼굴 표정을 연습하고, 옷을 골라 입고, 때론 성형수술을 하는 것도 나의 가치를 올리기 위한 전략이다. 뇌가 대상을 하나의 오브젝트로 인식하여 그것으로부터 오는 다양한 감각자극을 통합해 친밀감을 만들어낸다.

동물도 마찬가지다. 성 선택에서 중요한 요소는 겉으로 드러난

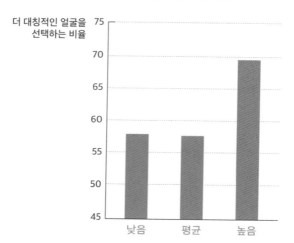

자가 평가 매력도

더 대칭적인 얼굴을
선택하는 비율

자신을 매력적이라 생각할수록 매력적인 이성의 사진을 고른다.[28]

모습이다. 털의 크기나 빛깔, 머리에 달린 뿔이나 몸의 크기 등 겉모습은 건강 혹은 우수한 유전자와 연관이 있다. 매가 온몸을 펴고 나는 광경을 본 적이 있을 것이다. 그것은 대칭성을 강조하기 위한 구애행동이다. 비대칭이라면 정상적으로 발달하지 못했다는 증거다. 사람도 매력을 느끼는 척도 중 하나가 얼굴의 대칭성이다.

그러나 아무리 멋있는 배우자를 추구한들 결혼하지 못하면 그림의 떡이다. 인간이 배우자를 결정하는 함수는 매력도와 가능성의 곱으로 이루어진다. 매력도가 낮아도 가능성이 높으면 배우자로 맺어질 수 있고 반대도 가능하다. 이러한 게임이론에 따라 인간의 배우자 선호도 연구결과들을 종합해보면 결국 비슷한 매력도를 가진 사람들끼리 만나는 것이다. 그것이 자신의 유전자를 전달하는 최적의 전략이다. 부부가 닮은 것이 아니고 닮은 사람끼리 (비슷한 매력도를 가진 사람끼리) 만나 결혼한다.

왜 동물도 사람도 장식물에 끌릴까?

왜 옷을 차려입을 때 장식품을 달고, 가방이나 셔츠 등 눈에 띄는 자리에 상표가 붙어 있을까? 어릴 때 아버지께서는 가족들이 옷을 사면 열심히 상표를 떼어 내셨다. 상표가 중요하지 않다고 여기시고 눈길을 끄는 것을 싫어하신 것이다. 그러나 같은 이유로 상표는 마케팅에 중요하다. 하나의 오브젝트로서 관심을 끌 수 있고 보기에도 뭔가 있어 보이는 느낌을 주기 때문이다. 루이뷔통을 상징하는 'LV' 자를 모두 지우고 벤츠 자동차에서 정면의 마크를 제거한다면 어떻겠는가?

동물들도 장식품을 좋아한다. 1998년 헌터Hunter 박사 연구팀은 바닷가에 사는 새인 아쿨렛auklet의 머리에 오브젝트를 붙여 암컷에게 보여주었다. 암컷들은 오브젝트가 없는 정상 수컷보다 더 높은 관심을 보였다. 작은 오브젝트보다 큰 오브젝트에 더욱 열광했다. 그러나 위치도 중요해서 이것을 목에 붙이면 오히려 선호도가

머리에 장식을 붙인 아쿨렛(왼쪽)과 제브라 핀치(오른쪽).
머리에 달린 벼슬로 사회적 관계와 감정을 표현하는 갬벨 메추리(아래).
사람만 벤츠나 루이 뷔통이 가지는 상징물에 끌리는 것이 아니다.
동물도 장식품을 좋아한다.
아무런 장식품이 달리지 않은 수컷보다
인위적인 장식품을 단 수컷에 암컷은 더 열광한다.

떨어졌다.[29] 제브라 핀치zebra finch에게도 같은 현상이 벌어졌는데 암컷이 흰색 깃털을 붙인 수컷을 매우 선호했다. 색이 중요해서 흰색이 아닌 녹색을 붙이면 오히려 매력도가 떨어진다.

모양이 다르다는 것은 새로운 지역에서 유입된 종일 가능성이 높다. 보다 정확히는 새로운 유전자를 갖고 있다는 뜻이다. 근친으로 교배를 하면 열성 돌연변이가 질병으로 나타날 확률이 높아지므로 새로운 유전자를 선호하는 것은 종의 유지에 도움이 된다. 아니, 정확히는 도움이 되어서 선택하는 것이 아니라 그렇게 선택하는 종이 많이 번식을 했을 것이다. 새뿐만 아니라 원숭이 집단에서도 집단 내 알파원숭이가 암컷에게 인기가 많지만 외부에서 유입되어 새로운 외모나 행동을 보이는 베타 수컷이 암컷들에게 더 큰 주목을 받는다.

자신의 몸을 사회적 커뮤니케이션에 활용하는 동물들이 있다. 갬벨 메추리gambel's quail는 머리에 달린 벼슬이 사회적 관계와 감정을 표현한다. 앞으로 곧추세워져 있는 것은 사회적 우성인 개체로서 적극성과 공격성을 나타낸다. 반면 사회적 열성인 개체들은 벼슬이 뒤로 젖혀져 있다. 순종의 의미로 생각할 수 있다.

외모보다 행동이 중요하다

학이나 두루미 같이 평생 부부가 함께하는 경우는 대개 외모가 비슷하다. 누가 암컷이고 수컷인지 구별하기 어렵다. 반면 일부다처제의 경우 수컷이 화려하고 일처다부제인 경우 암컷이 화려하다. 이들은 외모를 보지 않는 것이 아니라 행동을 본다. 얼마나 가족을 위해 봉사와 헌신을 할 수 있는지 관찰해서 배우자를 결정한다.

암수가 거의 비슷하게 생긴 뿔논병아리의 구애 활동을 살펴보자. 수컷이 암컷에게 관심이 있다고 표현하는 방법은 암컷의 행동을 따라 하는 것이다. 암컷이 허락하면 테스트가 시작된다. 첫 번째 테스트는 물 위를 뛰는 것이다. 암컷이 먼저 뛰면 옆에서 보조를 맞추어 수컷이 뛰어야 한다. 이는 포식자가 나타났을 때 수컷 뿔논병아리가 물 위를 뛰면서 포식자를 유인할 수 있는지 테스트하는 것이다. 만일 이것을 못 하면 엄마와 새끼가 위험해지므로 남편감으로 자격이 없다.

두 번째 테스트에서 암컷 뿔논병아리는 갑자기 방향을 바꾼다. 만일 수컷이 관성에 못 이겨 계속 원래 진행 방향으로 간다면 그대로 탈락이다. 포식자가 추적을 해올 때 갑자기 방향을 바꾸어 피하는 능력을 테스트하는 것이다. 뿔논병아리 암컷은 아빠가 될 뿔논병아리에게 명령한다. "반드시 죽지 말고 살아 돌아와라! 그

물 위를 뛰고, 방향을 바꾸고,
물속 물고기를 제때 잡아오는 혹독한 테스트를 거쳐야만
수컷 뿔논병아리는 비로소 아빠가 될 수 있다.
속도와 타이밍이 관건인 이 테스트는
우리에게 사랑은 타이밍이라고 알려주는 듯하다.

래서 애도 키우고 살림을 도우라!"

세 번째인 마지막 테스트에서 암컷 뿔논병아리는 멈춰서 물속을 바라본다. 이때 수컷은 물속에 들어가 암컷이 떠나기 전에 물고기를 잡아와야 한다. 만일 큰 물고기를 잡아왔는데도 너무 늦어 타이밍을 놓치면 그것으로 테스트는 끝, 탈락이다. 사랑했지만 헤어지는 많은 연인들의 원인들을 종합해보면 결국엔 타이밍이 맞지 않아서다. 인간도 뿔논병아리도 사랑은 타이밍임을 여실히 보여준다.

아마존 지역에 사는 바우어새의 경우는 또 어떤가. 바우어새는 뿔논병아리처럼 현장 면접이 아니라 수시면접을 본다. 수컷이 미리 집을 마련한 뒤 온갖 쓰레기들을 물어 와 주변에 모아놓는다. 암컷들이 지나가다 집에 들어가 보고 주변을 둘러본다. 만일 떠나지 않는다면 그것은 승낙에 대한 사인이다. 수컷이 다양한 물건을 물어 올 수 있다면 그 자체로 건강하다는 것이고 둥지를 다양한 재료로 만들 수 있는 능력을 보여준다. 사람으로 치면 남자가 집 한 채 마련하고 꾸밀 수 있는 능력은 되어야 바우어새와 같은 여성의 관심을 끌 수 있다고 볼 수 있다.

동물들이 이러한 행동을 배우자를 선택하는 기준으로 삼는 것은, 뇌가 행동도 오브젝트화하기 때문이다. 뇌가 행동을 오브젝트화하는 것은 인간도 마찬가지다. 성실함, 부지런함, 부드러움, 가정적임 등의 단어로 표현할 수 있다. 구직을 위한 면접평가에선 행동 평가의 결과가 수치로 표현되고, 소개팅에서 처음 만난 사람에 대한 태도가 그 사람에 대한 이미지로 뇌에 오브젝트화된다.

고등한 동물일수록 외모의 화려함보다는 행동을 본다. 행동이 보다 믿을 수 있는 신호이기 때문이다. 물론 외모도 훌륭하고 행동도 훌륭하면 금상첨화다. 많은 드라마와 영화 속 매력적인 주인공들이 이 두 가지를 모두 갖춘 이유다.

어떤 독자들은 친밀한 사회적 관계를 오브젝트로 설명하는 것이 못마땅할 수도 있다. 그러나 인간에 대한 오브젝트 인식론은 뇌가 세상을 보는 본질에 관한 것이고, 사람이 다른 사람을 물건 같이 대해야 한다는 당위론이 아니다. 그러니 이 책을 읽고 "오늘부터 나는 종족의 번식을 위해 연애하고 결혼해야지"라고 결심하면 절대 안 된다. 뇌에 대한 깨달음을 얻었기에 사랑과 연애, 그리고 결혼에 대해 보다 신중해지는 것이 바람직하다. 많은 사람들이 연애를 통해 운명적인 만남인지를 확인하고자 한다. 하지만 평생 수백 조의 시냅스가 다양하게 조합되어 만들어진 나의 뇌가 일시적으로 끌림을 유도할 수는 있겠지만, 상대방이 100퍼센트 마음에 들 확률은 거의 제로에 가깝다. 뇌 과학적으로 볼 때 연애는 서로의 뇌에서 신경이 연결되어 운명을 만들어가는 과정이다. 나아가 결혼과 부모가 되는 여정은 한마디로 서로의 뇌를 바꾸어가는 과정이다.

04

접근 vs. 회피
공식

인생 전략의 상대성 원리.
나는 어떻게 승리할 것인가?

뇌가 대상을 오브젝트로 인식하고 나면, 그다음에 하는 일은 '그 대상에 접근하느냐, 회피하느냐'를 결정하는 일이다.

아무리 친한 친구라도 함께할 수 없는 문제가 생기거나 크게 실망하면 헤어지기 마련이다. 상대에 대하여 기대를 접고 마음이 떠난 상태를 요즘 유행어로 '손절'이라 한다. '손절' 하고 나면 그 사람과 눈을 마주치지도 않고 관심을 끈다. 관심의 대상이 되는 사회적 오브젝트에서 지워버린 것일까? 아니다. 접근하는 오브젝트에서 회피하는 오브젝트로 바뀌었을 뿐이다. 이러한 의사결정에는 다양한 뇌 기능이 관여한다.

본능적 의사결정

접근할 것이냐? 회피할 것이냐? 흔히들 뇌가 경험을 지식으로 만드는 것이 중요하다고 하는데, 생존의 세계에서는 교육의 기회가 많지 않다. 생각하다가는 죽는 것이 자연의 이치다. 그래서 뇌의 접근이나 회피 반응의 80퍼센트는 본능적·유전적으로 프로그래밍되어 있다. 이미 태어나기 전부터 주사위는 던져진 것이다. 율리우스 카이사르가 루비콘 강에서 "주사위는 던져졌다"는 말을 입 밖으로 내뱉기 전에 이미 그의 마음은 결정을 내린 것처럼.

옛날 할머니들이 우는 아이들에게 "집 밖에 호랑이가 와 있다"고 말하며 아이의 울음을 멈추게 한 것도, 인간의 본능적인 회피 반응을 활용하는 원리다.

동물들이 접근과 회피를 결정하는 기준은 대상 즉, 오브젝트의 종류에 따른다. 예를 들어 갯벌의 게를 보자. 늘 서서 눈을 바짝 세우고 있다. 눈의 높이는 행동을 결정하는 기준선이다. 무엇인가 기준선 위에서 자극이 오면 도망가고 기준선 아래서 자극이 오면 접근한다. 이 얼마나 아름다운 방법인가? 대상이 무엇인지 비디오 판독하기 위해선 시간도 많이 걸리고 더 가까이서 봐야 하는데, 만일 대상이 포식자이면 바로 하늘나라로 가야 한다.

포유류인 쥐들도 마찬가지다. 시각신호가 위쪽에서 잡히면 그것은 매나 고양이 같은 포식자일 확률이 높다. 아래쪽에서 잡히면

갯벌의 게는 눈을 바짝 세우고 있다.
게의 눈높이는 행동을 결정하는 기준이다.
기준선 위로 자극이 오면 도망가고 기준선 아래로 자극이 오면 접근한다.
얼마나 아름다운 방법인가?

귀뚜라미와 같이 쥐보다 작은 먹잇감일 확률이 높다. 쥐의 망막에 있는 광수용체는 위쪽이나 아래쪽을 담당하는 것이 모두 유사하지만 이들의 신경회로는 다르다. 위쪽을 담당하는 망막 광수용체(눈의 아래쪽 망막에 위치)는 뇌에서 도망가는 행동을 담당하는 신경들로 연결되고 아래쪽을 담당하는 광수용체(눈의 위쪽 망막에 위치)는 접근하는 신경세포로 신호를 보낸다.

성공한 기업가들이 사업을 할 때 뇌의 본능을 활용한 경우가 많다. 고객들이 상품을 보면 본능적으로 사고 싶게 만드는 아이템을 출시하는 것이다. 저절로 눈이 가는 제품들에는 모두 이런 본능적인 선호도를 자극하는 전략이 숨어 있다.

1983년 모토로라가 휴대전화 '다이나택'을 처음 내놓은 이후 모든 모토로라 휴대전화의 통화와 종료 버튼은 숫자 버튼 아래에 있었다. 다른 기업들과 후발주자인 삼성에서 처음 개발한 휴대전화도 이런 관행을 따랐다. 이건희 당시 삼성 회장은 제품을 보고 다음과 같이 말했다.

"통화와 종료 버튼을 가장 많이 쓰는데 이 버튼들이 아래쪽에 있으면 한 손으로 전화를 받거나 끊기가 불편하다. 두 버튼을 제일 위쪽으로 올리는 것이 좋겠다. 그리고 많이 사용하는 만큼 눈에 잘 띄어야 한다. 글자 색깔도 숫자 버튼과는 다른 색깔을 넣는 것이 좋겠다."

왼손이나 오른손으로 휴대전화를 잡을 때 엄지손가락으로 버튼을 누르게 되는데, 이 위치에 가장 많이 사용하는 버튼을 눈에 띄도록 배치하자는 것이다. 이건희 회장은 뇌의 본능에 보다 충실한 아이디어를 제시한 셈이다. 이렇게 뇌 속에 그려진 접근과 회피의 선을 잘 이해하고 활용한다면 더 잘 팔리는 제품을 만들 수 있다. 또한 소비자 입장에서는 자신의 선이 어디에 있는지를 잘 파악하여 첨단 마케팅 기법에 속지 않도록 유의해야 할 것이다.

우리 뇌 속의 접근과 회피를 결정하는 선을 이해하는 것은 감정조절에도 매우 중요하다. 이를 이해하면 선을 넘는 상황이 올 때 미리 적절하게 대처할 수 있다. 그렇지 않으면 감정적인 행동으로 원하지 않는 결과나 실수를 초래하기 쉽상이다. 또한 다른 사람들의 선도 존중해주어야 한다. 사람마다 선의 높이가 다르므로 "저 사람은 왜 저래?"라고 눈치를 주기보다는 "선이 낮게 그어져 있구나"라고 이해하는 것이 정신 건강에도 좋다.

경험적 의사결정

접근과 회피 문제는 상대적인 것으로 본능적으로만 해결되지 않는다. 물건을 본능적으로 충동구매하기도 하지만, 잘 팔리는 물건은 소비자의 경험을 통해 검증된 경우가 많다.

동물의 경우도 마찬가지다. 높은 곳에서 오는 시각 신호를 피한다고 해도 사냥하는 포식자들이 낮은 포복으로 다가오면 피할 길이 없다. 문어가 조개껍데기와 다시마로 몸을 가려 포식자의 시각 신호를 교란해도 냄새를 맡고 접근하는 상어를 막을 수 없다. 본능이 도움이 되지만 상대가 나의 본능보다 한 수 앞선 전략으로 다가오면 대책이 필요하다.

넷플릭스 다큐멘터리 「나의 문어 선생님」[30]을 보면 문어는 상어를 피하다가 응급한 상황이 되자 상어의 등에 올라타 함께 이동하는 기지를 발휘한다. 마치 권투 선수가 상대방의 공격을 피하지 않고 더 접근하여 클린치를 하는 것과 같다. 포식자에 다가가 올라타는 형질이 유전자에 새겨 있을 리 없다. 우연히 사용했던 이 방법이 성공적임을 학습한 문어는 앞으로 상어가 공격하면 올라타는 전략을 사용하게 될 것이다. 이를 강화학습이라 한다.

미국의 자동차 산업을 이끈 선구자 헨리 포드Henry Ford는 강화학습 원리를 시스템으로 도입해 활용했다. 당시 하루 일당으로 4달러를 받던 노동자들에게 8달러를 주는 대신, 주어진 시간에 더 많은 자동차를 생산할 수 있는 시스템을 만들었다. 그중에 하나가 컨베이어 벨트다. 노동자는 각자 맡은 일을 반복적으로 할 수 있고 다음 단계 공정으로 넘어가는 것은 자동으로 된다. 반복적인 일을 했을 때 주어지는 큰 보상, 이것도 역시 행동을 강화하는 강화학습 원리다.

뇌는 성공한 경험을 기억하는 기능이 있다. 예를 들어 도파민 신경이 강화학습에 작용한다. 보상이 많은 행동을 하게 되면 도파민이 증가하고 행동을 조절하는 전두엽과 선조체에 작용한다. 보상을 얻을 때 나타난 행동을 기억하고 강화하기 위함이다. 이것이 이세돌과 세기의 바둑을 두어 승리한 알파고 인공지능이 모방한 강화학습이다. 우리는 매일 시험을 보고 있으며 도파민의 양으로 성적이 매겨지고 있는 셈이다.

도파민 신경은 예측을 한다는 신기한 특징을 가지고 있다. 보상이 주어질 만한 대상이나 상황이 되면 보상을 받기 전에도 도파민 신경이 반응한다. 만일 이러한 예측이 빗나가면 어떨까? 물론 도파민 신경의 흥분이 점차 줄어든다. 그런데 성공한 기억이 너무 강렬해서 여전히 도파민 신경이 작동한다면 중독 상태를 의심해 봐야 한다. 주식 투자를 통해 날로 손해를 보고 있는데도 계속 투자를 하는 것은 과거 성공한 경험이 도파민 신경을 계속 자극하고 있기 때문이다. 성공이 보상을 주지만 성공한 경험은 나를 그것에 더욱 몰입하도록 한다.

결국 강화학습 전략은 경험에 의존한다는 것이 장점이자 결정적인 약점이다. 상황이 변한다면 혹은 경쟁 상대가 나의 강화학습을 활용할 가능성이 높다.

전략적 의사결정

미래의 보상과 위험요소까지 종합적으로 고려하는 것이 전략적 의사결정이다. 본능과 경험을 총체적으로 활용해야 하며 무엇보다 경쟁 상대나 목표의 행동을 고려한 환경적인 정보를 잘 분석해야 좋은 전략을 세울 수 있다.

인간 사회에서는 당장의 보상만 추구하다가는 손해를 보는 경우가 많다. 보이스 피싱 등 온갖 사기가 당장의 보상을 미끼로 다가온다. 사기가 아니더라도 보상이 적다고 열심히 일하지 않으면 평판이 나빠져 보상이 더욱 줄어들 수 있다.

반면 적은 보수에도 큰 성과를 올리면 몸값이 올라 그 회사 혹은 다른 회사에서 더 큰 보상을 받게 된다. 당장의 보상보다는 미래의 보상까지 고려해야 성공적인 전략이다. 흥미롭게도 미래의 보상에도 똑같이 도파민이 관여한다. 아직 일어나지 않을 일을 생각해 도파민을 분비하는 것이 인간 뇌의 놀라운 특징이며 고등한 의사결정의 원동력이다.

누구나 미래를 예측하지만 승부는 결국 전략과 전략 사이에서 상대적으로 결정된다. 제갈량은 유비의 유언을 따라 위나라를 공격하지만 당시 위의 책사 사마의는 촉의 후방을 지키고 있었던 마속을 패퇴시키고 군량을 확보한 후 바로 본진인 양평을 습격한다. 몇 천 군사로 버티기 어려웠던 제갈량은 성문을 열고 성문 위에서

거문고를 탄다. 이를 듣고 있던 사마의는 그 음이 떨림이 없자 매복인 줄 알고 군사를 돌린다. 사마의는 제갈량의 신중한 성격을 공부해서 이미 알고 있었기에 매복을 대비해 회피하기로 한 것이고, 제갈량은 사마의가 자신을 바로 보았다면 공격하지 않을 것이라 기대한 것이다. 누가 더 한 수 앞서 보느냐에 따라 승패가 갈린다.

상대방의 전략에 따라 미래의 보상을 계산하는 원리가 게임 이론이다. 미국의 수학자 존 내시John Nash 는 내시 평형 이론Nash Equilibrium을 제시했다.[31] 1에서 100까지 좋아하는 숫자를 하나씩 정하라고 하면 이론상 평균값은 50이 된다. 그런데 게임의 규칙이 전체 평균의 70퍼센트 점수를 맞힌 사람이 승리한다고 하면 사람들은 평균인 50의 70퍼센트, 즉 35를 적을 것이다. 그런데 사람들이 35를 많이 적다 보면 평균값의 70퍼센트는 그보다 작아진다. 이 게임을 반복할수록 정답은 점점 줄어들지만 '50×0.7×0.7×0.7…' 값에 수렴하여 평형을 이룬다. 나의 승리 여부는 결국 다른 사람들이 적은 답들에 의해 결정된다.

상대의 전략에 따라 나의 운명이 결정되는 것은 생태계의 원리다. 피식자는 포식자를 멀리서 보면 미리 파악하고 도망간다. 포식자는 피식자가 알아채지 못하도록 포복으로 접근한다. 피식자는 냄새로 보이지 않는 포식자를 인식한다. 포식자는 바람을 안고 가는 방향으로 피식자에게 접근한다. 서로의 전략이 진화하다 보면 결국 일정 수준에서 둘 다 자연에서 생존할 수 있게 된다. 이렇게 내시 평형 이론은 자연의 포식자와 피식자 관계에도 적용 가능하다. 자연에서 절대적인 승자가 없는 이유를 설명해준다.

인간 세상에서도 마찬가지다. 사람들은 게임의 규칙을 알려고 노력한다. 매년 변하는 수능의 가이드라인을 배우느라 전국의 학부모들이 부산한 이유다. 서로 자신에게 유리한 제도를 만들려고 싸우고 갈등하는 것도 마찬가지다. 하지만 위에서 말한 대로 게임의 규칙을 안다고 해도 나의 성공은 보장되지 않는다. 게임의 규칙은 그야말로 게임에 참여하기 위한 조건일 뿐이기 때문이다. 승리의 확률을 높이는 가장 좋은 방법은 아예 새로운 게임을 만들어 다른 사람들이 참여하도록 하는 것이다.

나는 중학교 때 당시 유행하던 복권 추첨을 흉내내어 뽑기 행사를 한 적이 있다. 뽑기 종이를 한 장에 500원씩 팔고 경품으로 5000원에서 1만 원짜리 필기도구 세트 몇 개를 내세웠다. 나는 퀴즈와 뽑기를 통해 선물을 주었고 당시 우리 반 학생들 80명 대부분이 참여했다. 다른 반에서도 해달라고 해서 몇 개 반을 쉬는 시간에 돌아다닌 적도 있다. 당시 뽑기 행사를 주최한 사람은 나밖에 없었기에 제법 큰 수익을 거두었다. 그러나 소문이 나자 다음학기엔 너도나도 뽑기 게임을 하여 수익을 크게 내지 못했다. 새로운 게임을 만드는 것도 중요하지만 다른 사람이 따라 하지 못하는 소위 진입장벽도 중요하다는 것을 깨달은 순간이었다.

05

우리는 왜
예술작품에 끌릴까?

예술 작품은 관객의 마음에 끌림을 유도한다.
끌림을 위해서는 뇌 속 신경이 작용해야 한다.

예술작품에 대한 끌림과 애착을 어떻게 만들어낼 것인가는 오랜 세월 동안 이어져온 예술가들의 고민이다. 다만 대상에 대한 끌림을 어떠한 관점에서 설명하고 이끌어냈느냐는 예술의 역사마다 차이가 있다.

신석기 말부터 청동기 시대에 새겨진 것으로 추정되는 울산 대곡리 반구대 암각화에는 300여 점의 사물이 그려져 있다. 육지동물 97점, 해양동물 92점, 사람 17점, 배 6점, 그물과 작살 등의 연장류 6점이 있으며 그중에서 고래가 62점으로 제일 많고 사슴과 호랑이가 다음으로 많다. 이 암각화를 본다고 해서 당시 사람들

울산 대곡리 반구대 암각화

의 마음이나 의도를 파악하기는 어렵다. 그러나 당시 사람들의 생존과 적응에 중요한 사물이 무엇이었는지는 유추할 수 있다. 그림은 주로 사냥을 나가서 잡아 오거나 생활에 활용하는 사물들이 그려져 있다. 먹고 싶은 것들, 갖고 싶은 마음, 끌림이 있는 사물들을 그린 것으로 사료된다.

철기 시대 혹은 고대국가에 그려진 그림에는 궁극적으로 얻고자 하는 것들, 즉 풍요와 다산 등의 개념이 형상화된 다양한 우상 idol이 많다. 우상은 대체로 사람의 형상을 띠고 있고 사람과 소통할 수 있는 신을 표상하고 있다. 또한 당시 부의 상징인 값비싼 귀금속으로 치장하고 있어 우상을 잘 받들면 복을 얻을 수 있다는 소망이 엿보인다. 갖고 싶은 대상을 그리는 것을 넘어 그 대상을 많이 갖고 싶어 하는 마음을 오브젝트로 형상화한 것이다.

사람들은 단지 우상을 마음속에 그려놓는 것에 그치지 않고 우상과 관련된 것들을 비싼 돈을 주고 구매했다. 작품 자체가 가치를 갖게 된 것이다. 우상을 잘 만드는 사람들은 부를 축적할 수 있었다.

뇌 과학자의 시선으로 본 명화

르네상스 이후, 서양에서는 신이나 형이상학적 존재가 아닌 사람에 대한 관심이 높아져 인물화가 발전했다. 보다 현실감 있게 인물을 그리는 화가들이 큰 보상을 받게 되었고 정상급 화가들은 귀족이나 궁정에 고용되었다.

인물화는 초기 그림들에 비해 점차 3차원성이 강조되었다. 북유럽 르네상스의 선구자로 불리는 얀 반에이크Jan van Eyck, 프랑스 신고전주의 초상화가 앵그르Jean Auguste Dominique Ingres 등 16~17세기 작품들은 3차원성이 현저하다. 이들 화가들은 오브젝트와 빛의 관계를 관찰하여 표현했다. 현장에서 관찰되는 빛의 방향이나 패턴을 흉내 내면 뇌가 그것을 3차원으로 착각한다는 것을 활용했다. 3차원성 예술작품에 대한 예술가들의 욕망은 발명품을 만들어냈으니 바로 '카메라 루시다Lucida'다. 역상으로 화면에 투영된 음영을 따라 그림을 그리는 이 도구를 활용해 화가들은 밑그림을 그렸다. 물론 카메라가 발명된 이후 이 장비는 역사 속으로 사라졌다.

신경과학적으로 볼 때, 서양 미술사에서 중요한 전환점은 사물이 주는 끌림에 주목한 것이다. 1850년대 사실주의의 거장으로 불리는 프랑스 화가 귀스타브 쿠르베Gustave Courbet와 오노레 도미에HonoréDaumier와 같은 화가들은 대상이 주는 사실 그대로를 그림으로 그려 주목을 받는다. 그들이 대상이 되는 숲과 나무와 도시의 풍경들에서 무엇인가 끌림을 얻었고, 그 느낌 그대로를 관객들에게 전달하고자 했을 것이다. 인상주의 화가들은 대상이 주는 느낌의 요소를 강화하여 표현하는 데 탁월했다. 야수파에 와서는 자연을 단순히 모방하지 않고 작가의 느낌을 더욱 확장하여 거친 붓터치와 과감한 색감으로 표현했다.

근대 회화의 아버지로 불리는 20세기의 거장 폴 세잔Paul Cezanne은 자연은 원통, 구, 원추로 되어 있다고 했는데, 이는 사물의 오브젝트 인식에 관한 명언이다. 뇌가 사물에 대한 모든 정보를 취하는 것이 아니라 핵심이 되는 형태 요소들을 인식하여 끌림을 만든다는 신경과학적 원리와도 같다. 이에 영향을 받은 파블로 피카소Pablo Picasso 등의 입체파 화가들은 오브젝트의 기본적인 요소들을 분해하고자 했다.

표현주의 거장인 에드바르 뭉크Edvard Munch, 에곤 실레Egon Schiele, 파울 클레Paul Klee와 같은 미술가들은 대상보다는 인간의 내면에

얀 반에이크의 작품을 보면 3차원성이 현저하다는 것을 알 수 있다.
현장에서 관찰되는 빛의 방향이나 패턴을 흉내 내면
뇌가 그것을 3차원으로 착각한다는 점을 활용했다.

나타나는 여러 감정 상태에 주목했다. 예를 들어 노르웨이 표현주의 작가 뭉크의 작품 「절규」를 보면 크게 그려진 주인공은 온몸과 표정으로 절규하는데 뒤에는 그런 것 따위는 아랑곳 않는 사람들이 태연하게 풍경을 바라보며 걸어간다. 같은 상황, 같은 대상이라도 나의 뇌가 받아들이는 것은 다른 사람들이 받아들이는 것과 다르다는 것이 사실감 있게 표현되어 더욱 공포감을 자아낸다.

1차 세계대전 이후, 기존의 예술에 대한 회의와 상투적인 미의 관념을 버리는 운동이 일어난다. 이를 다다이즘이라고 한다. 다다이즘 화가 중에 마르셀 뒤샹Marcel Duchamp이 있다. 뒤샹은 사물에 대한 끌림에서 큰 깨달음을 얻는다. 친구와 비행기 전시장을 방문했을 때 그는 이렇게 말했다. "예술은 망했네, 누가 이보다 더 아름다운 작품을 만들 수 있겠나?" 그가 본 것은 비행기의 프로펠러였다. 미려하게 휘어진 날개를 보면서 강렬한 아름다움과 끌림을 느꼈던 것이다. 예술이란 특정한 기준을 가지는 창작품이라는 생각이 지배적이던 당시에는 획기적인 발상이었다.

뒤샹은 아이디어를 시험해본다. 1917년 뉴욕의 어느 전람회에서 벼룩시장에서 산 소변기에 'R. Mutt 1917'이라 쓴 후 전시장 한 귀퉁이에 던져놓고 나왔다. 그것을 본 큐레이터는 쓰레기인 줄 알고 버렸다. 뒤샹은 R. 뮤트라는 가명으로 신문에 기고를 하여 소변기를 활용한 작품 「샘」이 가지는 의미를 설명한다. 「샘」은 작가의 창조보다는 선택을 강조한 작품이며 특별한 미학적 특징이 없

같은 상황, 같은 대상이라도 나의 뇌가 받아들이는 것은
다른 사람들이 받아들이는 것과 다르다. 사실감 있게 표현되어
더욱 공포감을 자아낸다.

는 제품을 본래의 기능적 역할로부터 자유롭게 풀어주어 예술품으로 승화시켰다는 설명이다. 그러면서 이 새로운 예술 방식을 기성품이라는 뜻의 '레디메이드readymade'라 명했다. 기고문을 본 많은 사람들은 호기심을 가지고 작품「샘」을 보러 전시장을 찾았지만 작품은 이미 사라진 뒤였다. 대중의 관심이 일자, 뒤샹은 일곱 개의 소변기를 구매해서 'R. Mutt 1917'라 사인을 한 후 다시 여러 전시관에 전시를 한다. 기성품을 활용한 뒤샹의 예술은 현대 미술의 거장 앤디 워홀Andy Warhol 등에게 영향을 주는 등 커다란 반향을 일으킨다. 오늘날 우리가 집 안을 꾸밀 때 제품의 디자인을 중요시하는 것도 뒤샹의 깨달음 이후로 재해석되기 시작한 것이다.

알렉산더 콜더Alexander Calder는 움직이는 오브젝트를 예술로 승화시켰다. 피에트 몬드리안Piet Mondrian의 화실을 방문해 그의 그림에 큰 감명을 받은 콜더는 '몬드리안의 점과 선이 움직이면 좋겠다.'라는 생각을 한다. 콜더는 선과 면을 연결하여 움직이는 작품을 만들었는데 1931년 마르셀 뒤샹은 이것을 두고 '모빌mobile'이라 불렀다. 신생아들이 세상에 태어나 눈으로 쫓는 놀이 대상인 모빌은 이렇게 탄생했다.

뇌는 움직임에 더욱 많이 끌리며 민감하게 반응한다. 움직이지 않는 것은 배경이고 움직이는 오브젝트는 먹잇감 등 의미 있는 오브젝트일 가능성이 높기 때문이다. 두꺼비 등 파충류가 움직이지 않는 먹이는 먹지 않는 이유도 같다. 포식자를 보면 개구리가 죽은 듯 드러눕는 것도 주목받지 않기 위한 전략이다.

뇌는 어떻게 작품에 호기심과 아름다움을 느끼는가? 마르셀 뒤샹은 "예술은 작품 그 자체가 아니라 그 작품에 대한 우리의 관심이다"라고 했다. 예술의 기준은 뇌 속에 존재한다는 말이다. 작가가 만든 작품이 우리 뇌 속에 연결된 감정을 생산하는 것이 중요하다는 뜻이기도 하다.

마크 로스코Mark Rothko의 작품을 본 70퍼센트의 관람객이 격렬한 감정 속에 빠져들어 눈물을 흘린다고 한다. "나는 추상주의 화가가 아니다. 나는 그저 인간의 기본적인 감정을 표현하고 싶을 뿐이다"라는 로스코의 말대로 그의 작품은 인간의 깊은 내면을 건드려 격정을 느끼게 한다.

나도 그림 그리기를 좋아하지만 내 그림을 보고 눈물을 흘리는 사람을 나는 한 번도 본 적이 없다. 신경과학적으로 볼 때, 로스코의 작품은 관객의 뇌 속에서 그림과 연결된 감정을 이끌어내는 데 성공했다.

미술사는 자연과 뇌 속에 펼쳐진 오브젝트 세상과의 관계에 대한 고민의 역사이며 예술가들은 훌륭한 뇌 과학자들이다. 작품으로서 오브젝트는 관객의 마음에 끌림을 유도하고 그 끌림을 위해선 어떤 신경이 작용을 해야 한다. 끌림 신경의 존재를 발견하고 연구한다면 인간이 왜 자연과 예술작품에 열광하는지, 그리고 작품을 갖고 싶은 소유욕을 만들어내는지 알 수 있을 것이다. 그것이 나의 연구 주제이기도 하다.

가까운 미래에는 뇌 과학의 원리를 이용해 마케팅과 관련한 다양한 기술이 발전할 것이다. 일론 머스크가 창업한 뉴럴링크Neural link는 칩을 통해 뇌의 정보를 읽고 쓰는 장비를 제작한다. 이러한 장비를 활용하면 내가 그린 낙서를 보고도 보는 사람들로 하여금 눈물을 흘리게 할 수 있을지도 모른다.

06

물건에 대한 소유욕을
만드는 신경

인간에게 MPA신경은 유용한 자원이나 자본을
획득하는 동기를 만들어내는 데 중요하다.

오브젝트에 호기심과 애착을 느끼는 것은 본능이다. 뇌 속에서 새로운 것에 반응하는 일종의 소프트웨어라 할 수 있다. 많은 어린 동물들이 처음 보는 장난감에 반응하여 놀이행동을 한다. 돌잔치 때, 각종 아이템을 아기 앞에 두고서 연필이나 돈을 잡도록 유도하는 것도 오브젝트에 반응하는 끌림과 애착에 근거한다. 새로운 사물에 끌리는 것은 대상에 대한 정보를 수집하는 데 매우 유리하다.

2005년 카이스트에 부임한 이후로 나는 오브젝트에 반응하는 행동을 연구하기 시작했다. 사람에게 서로 다른 인종이 있듯이 생쥐도 다양한 종류가 있는데, 이 생쥐들마다 서로 유전적인 배경이 다르다. 서로 다른 생쥐 C57BL/6J, DBA, Balb/C, 129X4들을 비교하니 오브젝트에 반응하는 패턴이 서로 다름을 알 수 있었다. DBA생쥐는 오브젝트를 이리저리로 이동시키는 반면, C57BL/6J 생쥐는 매우 조심스럽게 탐색한다. Balb/C생쥐는 오브젝트를 많이 물어뜯어 망가뜨리는 성격을 보인다. 이로써 오브젝트에 반응하는 놀이행동이 유전적으로 결정되며 우연한 혹은 무작위적인 행동이 아님을 증명하였다.[32]

다음으로 오브젝트에 대한 호기심을 만들어내는 뇌 부위가 어디인지 탐색해보기로 했다. 작은 생쥐에 비해 덩치가 큰 래트rat는 뇌도 커서 이러한 질문에 답하기 좋다. 다양한 래트 중에서도 롱에반스라는 쥐가 있는데 매력적인 젖소무늬를 갖고 있다. 롱에반스 쥐에게 장난감 오브젝트를 주면 탐색하고 손으로 만지다가 입으로 물고 둥지로 가지고 간 다음, 모아놓는 행동을 한다. 야생원숭이들도 사람이 제공한 장난감에 동일한 반응을 보이는데 이것을 물건수집행동object hoarding behavior이라 한다. 수집증 환자들은 물건에 대한 집착이 심해 집 안을 온통 잡다한 물건으로 채우는데, 여기에 해당한다.

롱에반스 래트의 다양한 뇌 부위를 국소적으로 파괴하여 물건수집행동을 비교했다. 어느 날 물건수집행동을 보이지 않는 래트를 발견했는데 이들은 공통적으로 시상하부hypothalamus가 파괴된

개체들이었다. 시상하부에서는 성욕, 식욕, 회피욕, 공격욕 등 다양한 욕구를 만들어낸다고 알려졌다. 우리 연구팀의 연구로 시상하부신경이 물건에 대한 욕구도 만들어냄을 알게 된 것이다. 그러나 시상하부에는 수백 가지 종류의 신경이 존재하여 다양한 욕구를 만들어냄으로써 정작 물건에 대한 욕구를 만들어내는 시상하부 신경을 찾아내기까지 또다시 3년여의 시간이 소요되었다.

결국 시상하부 앞쪽에 존재하는 전시각중추MPA, medial preoptic area 영역에서 CAMKII라 명명된 신경이 중요함을 알게 되었다. 이들 신경을 자극하면 생쥐들은 미친 듯이 물건에 집착하게 되고 이들을 억제하면 장난감에 대한 호기심이 사라진다.

호기심 신경을 발견한 순간이었다. 나는 이날을 기억한다. 연구 결과를 보던 학생이 '와, 이것이 과학이야!'라고 외쳤다. 아르키메데스가 '유레카'를 외친 것과 같은 순간이었다. 나는 비록 현장에 없었으나 그 소리는 생생하게 들을 수 있었다.

물건에 대한 호기심 신경을 찾은 우리 팀의 연구 결과는 2018년 《네이처 뉴로사이언스》에 보고되었다.[33] 당시 카이스트에서 보고된 논문 중 인터넷에서 가장 많이 회자된 논문으로 주목받았으며 다양한 뉴스와 SNS에 소개되기도 했다.

절대 열어보지 말라는 경고에도 불구하고, 결국 호기심을 참지 못하고 상자를 열고야 만 판도라의 호기심 신경을 찾은 셈이다. CAMKII 이름을 갖는 MPA신경을 선택적으로 자극하면서 호기심의 생물학적 기능에 대해 연구할 수 있는 기회를 얻게 되었다.

다음으로 우리 팀이 가진 질문은 MPA신경의 유익한 기능은 무엇인가 하는 질문이다. 호기심이 그저 장난감을 가지고 놀게 하는 것이라면 부모들은 자식들의 MPA신경을 억제하고 싶을 것이다.

다큐멘터리에서 치타가 톰슨가젤을 쫓는 모습을 본 적이 있는가? 치타는 전력을 다해 목표인 먹잇감을 따라가되 장애물을 요리조리 피한다. 그리고 결국 사냥에 성공한다. MPA신경이 자극되었을 때, 쥐가 오브젝트를 물고 돌아다니는 모습은 흡사 먹잇감을 포기하지 않고 사냥 행동을 하는 모습을 연상케 했다. 우리 연구팀은 사냥 가설을 증명하기 위해 MPA가 자극된 생쥐에게 귀뚜라미를 넣어 주었다. 귀뚜라미를 발견한 생쥐는 훌륭한 사냥꾼으로 변신했다. MPA가 자극된 생쥐는 도망가는 귀뚜라미의 동선을 추적하여 결정적인 순간에 손을 뻗어 잡고는 이빨로 물어뜯었다. 실험을 통해 장난감이나 물건에 호기심을 갖도록 하는 신경이 사냥이라는 유용한 기능을 도와 생존에 도움이 될 수 있다는 것이 증명되는 순간이었다.

대다수 인간들은 이제 사냥을 하지 않는다. 그렇다면 MPA신경은 필요 없는 것일까? 사냥 행동은 동물에게 자원을 획득하는 경제활동이다. 인간에게 MPA신경은 유용한 자원이나 자본을 획득하는 동기를 만들어내는 데 중요하다. 목표를 추적하여 획득하는 것은 다양한 경제활동과 인간이 직업을 가지고 일하는 데 필수적인 기능이다.

　나의 남은 연구 목표는 연구팀이 발견한 MPA신경이 인간의 소유욕과 어떤 연관이 있는지를 밝히는 일이다. 기초연구 결과 MPA신경은 물건을 볼 때마다 흥분한다. 소위 견물생심이라고 충동구매를 할 때 작용할 가능성이 있다. 남들이 가진 물건을 볼 때 갖고 싶은 소유욕이 생기는 것도 MPA신경의 역할일 수 있다. 만일 그렇다면 MPA신경을 조절하여 소유한 것에 자족하고 필요 이상의 소비를 하지 않게 하는 것도 가능할 것이다.

07

소유욕은
무죄인가, 유죄인가?

인간의 소유욕은 무한하나
자연은 유한하다.

성공하는 교육과 사업에는 공통점이 있다. 학생이나 고객에게 끌림을 유도해야 한다는 점이다. 끌림은 소유로 이어진다. 학생들은 지식을, 소비자는 제품을 소유하려 할 것이다. 또한 이러한 끌림이 지속적으로 유지되도록 한다. 지금 가진 지식이나 제품에 만족하지 않고 새로운 지식 혹은 신제품에 관심을 갖도록 만들어야 매출은 지속적으로 상승하고 사업은 성장한다.

빌 게이츠Bill Gates, 스티브 잡스Steve Jobs, 마윈馬雲, 일론 머스크Elon Musk 등 성공한 기업가들이 갖는 공통적인 특징은 그들의 사업이나 제품이 소비자들에게 '지속적인 끌림'을 유도한다는 점이다.

끌림과 소유의 선순환을 이루는 것이 격변하는 4차 산업혁명 시대에 중요한 교육과 사업의 전략이다. 뇌 속에 있는 끌림을 유도하는 원리를 알면 사업에 성공하는 지름길로 갈 수 있다.

잘 팔리는 물건을 만드는 법

뇌에서 어떻게 지속적인 끌림을 유도할 수 있을까?

첫째, 끌림을 만드는 가장 쉬운 방법은 지금까지 없었던 새로운 제품을 출시하는 것이다. 최초의 휴대용 라디오, 최초의 스마트폰, 최초의 무선이어폰 등 '최초'라는 단어에 성공의 가능성이 숨어 있다. 그러나 신규성novelty이나 새로움으로 인한 끌림은 일시적이다. 시간이 지나면 새로움이 사라지면서 끌림도 사라진다. 또한 시장에는 기능이 향상된 경쟁 제품이 나온다. 삼성이나 애플이 계속 새로운 휴대전화 버전을 개발하며 경쟁을 해야 하는 이유다.

둘째, 뇌에서 지속적인 끌림을 유도하기 위해서는 뇌가 가치 있게 여기는 근본적인 욕구와 연관되어야 한다. 시상하부에 존재하는 욕구는 평생 변하지 않고 지속된다. 예를 들어 20년 이상 꾸준히 사랑받고 있는 '바나나우유'는 새로운 버전을 내지 않아도 지속적으로 팔린다. 뇌는 기본적으로 우유와 같이 칼로리가 높은 음식에 대한 끌림이 있는데 바나나우유는 바나나 향기와 단맛으로 포장하여 뇌가 우유에서 얻는 보상을 맛과 향으로 기억하도록 한다. 바나나우유를 매일 먹지는 않지만 언제나 먹고 싶은 끌림이 있다. 이러한 끌림이 모여 지속적인 매출을 만든다.

셋째, 뇌의 끌림을 지속적으로 유도하기 위해 중요한 또 다른 요소는 희소성이다. 중요하지만 너무 흔하면 굳이 끌릴 필요가 없다. 뇌는 흔한 것에 적응하여 우선순위를 두지 않기 때문이다. 한때 해태제과에서 출시한 허니버터칩이 크게 유행한 적이 있다. 당시 주문예약을 해도 사기가 어려웠다. 편의점과 마트에서는 허니버터칩이 들어오기가 바쁘게 팔렸다. 그런데 생산이 증가하여 허니버터칩 공급이 늘어나고 이후 유사한 신제품들이 속속들이 출시되자 관심은 이전보다 시들해졌다. 아무나 가지지 못하는 제품이어서 희소성이 있을 때는 인기가 높았지만 희소성이 사라지자 인기도 한순간 시들었다. 이처럼 아무나 가지지 못하는 제품이라는 마케팅으로 성공한 것이 명품 브랜드다. 제품마다 수량이 정해져 있으며 그중에서도 어떤 제품은 한정판이라는 이유로 더욱 고가로 책정되기도 한다.

소유욕을 어떻게 조절할 것인가?

판매자 입장에서는 소비자들의 끌림을 어떻게 유도할까가 주요한 관심사이지만, 반대로 소비자 입장에서는 뇌의 이러한 끌림에 대한 깨달음이 필요하다. 인간은 재물과 재화에 대한 끌림과 애착이 강하다. 이를 활용하여 경제는 성장해왔고 앞으로도 그럴 것이다.

재화를 소유하려는 인간의 욕구는 무한하기에 충족이란 없다. 그러나 인간의 욕구를 무한하게 충족시키기에 자연은 한정적이다. 한정된 자원을 두고 무한한 인간의 욕심이 발동하니 지구온난화를 비롯한 자연의 문제들이 발생한다.

많은 자연의 문제들은 인간이 만들어낸 소유욕의 산물이다. 결국, 인간이 소유를 할 재화가 완전히 고갈되지 않는 한, 커다란 자연재해로 인해 피해를 보게 될 것이다. 이를 해결하는 방법은 크게 두 가지가 있다.

공급을 줄이는 방법

꼭 필요한 것 외에 자연에 쓰레기로 버려지게 될 제품들은 생산을 최소화하는 방법이다. 이를 위해선 큰 사회적 움직임이 필요하다. 탄소배출 등 환경에 대한 기업의 책임을 강화하는 것은 공급을 줄이는 데 커다란 영향을 줄 것이다. 그러나 이러한 방법들도 결국에는 인간의 소유욕을 이길 수는 없다. 속도의 문제일 뿐 언젠가는 결국 문제가 누적되어 표출될 것이기 때문이다.

원숭이에게
오이와 포도를 주며
실행한 형평성 원리에
대한 실험.

소비를 줄이는 방법

나는 4차 산업혁명이 선포되었던 2016년 다보스 세계경제포럼에 연사로 초청되었다. 그때 나는 소유욕을 만들어내는 뇌를 이해하여 지구에서 자연과 더불어 행복하게 사는 방법을 제안했다. 국가와 기업이 공급을 늘리는 것 못지않게 재화에 대한 수요 즉, 인간의 물질에 대한 욕망을 이해하고 조절하는 것이 중요하다는 의견이었다. 인간의 소유욕은 어떤 특징이 있을까?

첫째, 소유욕은 형평성 원리에 따른다. 소유욕은 부의 절대가치에 따라 생기는 것이 아니라, 대부분 남들과 비교한 결과다. 우리의 뇌는 남이 가진 것은 나도 가져야 한다는 형평성 원리를 탑재하고 있다.

이러한 형평성 원리는 인간뿐 아니라 최근에 수행된 원숭이 실험에서도 증명되었다. 에모리대학 영장류 학자인 프란스 드 발

2021년 3월

2020년 6월

2020년 8월

취미로 서너 개 사기 시작한 다육식물이 몇 개월 만에 300개가 넘었다.

Frans de Waal 박사는 카푸친 원숭이capuccin monkey에게 돌 하나를 오이와 바꿔주는 훈련을 했다.[34] 원숭이들은 시원한 오이를 잘 받아먹었다. 그런데 어느 날 옆에 있는 친구 원숭이에게는 오이 대신 포도로 바꿔주었다. 더 맛있는 포도를 먹는 것을 보고 오이를 먹던 원숭이의 기대치가 달라졌다. 그런데 그 원숭이에게 다시 오이를 주자, 오이를 먹지 않고 실험하던 연구원에게 던져버렸다. 자기도 옆 친구와 같이 포도를 먹고 싶단 것이다. 그런데도 계속 불공정한 거래를 반복하자 손해를 봤다고 생각한 원숭이는 맹렬한 분노

뇌 과학이 인생에 필요한 순간

행동을 보였다.

둘째, 소유욕의 적응원리가 있다. 가진 것의 기준점이 소유 이전이 아니라 소유한 이후에 리셋된다. 2020년 6월경 코로나 시대에 밖에 나가지 못하니 나는 집 안에서 할 수 있는 취미로 다육식물 몇 개를 샀다. 처음엔 서너 개로 시작했는데, 이것저것 사다 보니 6개월 만에 300개가 넘었다. 다육이 화분 수가 늘어날수록 만족도가 커져야 하는데 소유욕이 더 커졌다. 다육식물 커뮤니티에 가보니 이런 격언이 있었다. '다육이를 키우지 않을 수는 있으나 하나만 키우는 사람은 없다.' 물론 300개가 넘은 현재도 더 갖고 싶은 마음은 여전하다.

나의 뇌 상태를 학계에서 연구한 도파민신경의 반응성으로 해석하면 다음과 같다. 다육이 한 개를 갖는 순간에는 도파민 신경이 흥분하면서 뇌에 보상을 준다. 그러나 이미 소유하고 나면 도파민 신경의 활성이 원래대로 돌아간다. 그리고 다음에 동일한 도파민 반응을 얻기 위해서는 다육이를 더 많이 사거나 더 비싼 다육이를 사야 한다. 이러한 도파민 신경의 적응으로 보다 많이 갖는 소유행동이 반복된다.

셋째, 소유욕의 상대성 원리다. 적응원리에 따르면 재산이 늘고 있으면 스스로 만족해야 하나 예외가 있다. 만일 주변 사람들 재산이 더 빨리 늘면 만족감이 떨어진다. 그리고 이러한 비교는 재산의 총량이 아니고 소유 대상의 일대일 비교다. 내가 30평에서 잘 살다가도 40평으로 이사 간 동료의 집들이에 다녀오면 갑자기 집이 좁다는 생각이 드는 것도 같은 이유다. 사실 동료와 나의 총 재산은 크게 차이가 없으며 동료는 은행 돈을 빌려 큰 집으로 이사 갔는데도 뇌는 그렇게 반응한다. 반대로 남들이 재산상 손해를 볼 때 나의 만족감이 늘어난다.

이론상 대한민국에 살 집이 모자라지 않기에 주택 공급이 필요하지 않다는 주장이 있지만 이는 뇌의 생리를 모르기에 하는 이야기다. 역사상 늘 큰 집에서 작은 집으로 이사 가는 경우보다 작은 집에서 큰 집으로 이사 가는 경우가 많았다. 한번 큰 집에 적응하면 더 큰 집으로 이사를 가야 만족감이 들기 때문이다.

그럼 어떻게 할 것인가? 소유욕에 대한 위의 세 가지 뇌의 요구를 사회적으로 만족시키기란 불가능하다. 반대로 뇌의 소유욕을 참고 참고 또 참는 것도 방법이 아니다. 뇌의 소유욕 원리를 거꾸로 잘 활용해야 한다. 예를 들어 형평성 원리는 남들이 돈이 많다 해도 내가 가진 재능과 건강, 그리고 미래의 재화를 생각하면 균형이 맞는다는 자각이 필요하다. 적응의 원리를 활용한다면 집 안에 물건을 모두 팔아 이웃들에게 나눠 주고는 다시 시작하는 것이다. 뇌는 줄어든 물건에 대해 금방 적응하게 될 것이다. 마지막상 대성 원리는 더욱 간단하다. 없어진 물건 대신 늘어난 공간에 대해 만족하고, 없어진 돈보다, 늘어난 시간과 여유에 만족하는 등 남보다 내가 가진 것을 감사하는 일이다. 또한 나의 부러움을 객관적으로 비교 분석해보는 것도 중요하다. 대부분 재벌과의 비교가 아닌 다음에야 도토리 키 재기인 경우가 많다.

뇌가 만들어내는 소유욕을 억제하기보다는 내가 품을 수 있는 세계를 확장하여 보다 넓은 마음을 가지는 것이 중요하다. 주식 장은 정해진 시간에 열리고 때가 되면 언제든지 인출할 수 있는데 오늘 당장 주식거래를 해야 한다며 집착할 필요가 없다. 내가 큰집으로 이사를 가고 싶은 것은 내 마음의 공간이 답답할 정도로 협소하기 때문이다. 저녁노을이 지는 하늘을 사무실 벽으로 삼고 지구를 나의 발판으로 생각한다면 뇌는 사사로이 흔들리지 않을 것이다. 모든 것을 소유한 듯 평온을 찾을 것이다.

4부

욕망을 조절할 수 있을까?

: 우리가 목표지향적 행동을 해야 하는 이유

목표를 발견하면 보다 욕구가 강해지고
목표 달성을 위해 더욱 노력하는
뇌의 속성을 활용해볼 수 없을까?

01

견물생심의
원리

뇌는 목표가 정해지면
복잡한 차원의 성취를 이끌어낼 수 있다.

생각은 자유로운 것처럼 보이지만 인간의 내부에는 생각을 지배
하는, 생각보다 강한 무언가가 있다.

_ 톨스토이

철학자 르네 데카르트René Descartes는 저서 『인간론De Homine』에서
뇌가 행동을 만드는 독특한 가설을 제안했다. 인간의 뇌에는 영혼
이 앉아 있는 자리 송과선이 있어서, 이곳에서 영혼이 조이스틱과
같은 뇌하수체를 조절하여 몸을 움직인다는 것이다. 데카르트에
따르면 신경의 내부는 액체로 채워져 있어 송과선을 움직이면 액

체의 압력이 변하여 신경과 연결된 근육을 움직일 수 있다. 팔을 움직일 때 근육이 수축하면서 마치 물이 차는 듯한 모양인데 이것을 기계적인 관점으로 해석한 것이다. 이러한 수압식 운동은 실제 기계에 활용된다. 사실상 인류 역사상 최초의 신경과학 가설이다. 물론 뇌와 신경은 수압이 아니라 전기적 신호로 근육을 움직인다.

그런데 이 가설에서 설명이 부족한 부분은 행동의 목표에 대한 것이다. 데카르트는 영혼을 상정했기에 영혼이 정해준 목표에 따라 몸은 움직일 것이다. 신경과학이 발전하면서 시상하부에 욕구를 만들어내는 신경들이 존재함을 발견하고, 행동은 욕구를 충족시키는 방향으로 진행된다는 사실이 밝혀졌다.

목표지향적 행동

신기하게도 이들 신경은 목표를 발견했을 때 더욱 흥분한다. 보면 갖고 싶은 마음을 견물생심見物生心이라 한다. 이는 신경과학적으로 옳은 말이다. 뇌는 행동을 무작위적으로 만드는 것이 아니고 항상 그 순간에 성취하고자 하는 목표에 따른다. 화살을 쏘거나, 골프 퍼팅을 할 때, 투수가 공을 던질 때 등 모든 행동은 성취하고자 하는 목표와 관련이 있다. 목표를 발견하면 보다 욕구가 강해지고 목표 달성을 위해 더욱 노력을 하게 된다. 이러한 행동

물건에 대한 호기심 신경을 찾은
우리 팀의 연구 결과는
《네이처 뉴로사이언스》에 보고되었고,
표지를 장식했다.

을 목적지향적 행동goal-directed behavior이라 부른다.

우리 연구팀은 시상하부에서 물건에 대한 욕구를 만드는 MPA 신경이 목적지향적 행동을 만드는지를 증명하고자 뇌-컴퓨터 접속기술을 활용했다. 우리는 쥐의 눈앞에서 목표 오브젝트가 움직일 수 있도록 했다. 오브젝트가 눈앞에 있을 때 MPA신경을 자극하여 오브젝트를 목표로 삼도록 했다. 이렇게 물건소유본능을 이용하여 행동을 조절할 수 있는 기술을 MIDASMPA-induced drive assisted steering라고 명명했다.

우리는 MIDAS 기술을 테스트하기 위해 매우 복잡한 미로를 만들었다. 미로에는 음식과 많은 장애물 등 사회적 오브젝트들을 곳곳에 두어 쥐의 행동과 관심을 분산시켰다. 이 미로에서 정상 생쥐를 테스트해보니 1시간 내에 목표 지점까지 도달하는 생쥐가 한 마리도 없었다. 특히 마지막 관문인 외나무다리에는 아예 근처도 가지 않았다. 대부분의 생쥐들은 음식에 탐닉하여 더 이상 이동하지 않았다.

과연 MIDAS 생쥐는 어떨까? 눈앞에 오브젝트를 보면서 달리기 시작한 생쥐는 46초 만에 목표 지점에 도달했다. 더욱 놀라운 점은 눈앞에 오브젝트만 본 것이 아니고 다른 장애물들을 인식하면서 점프하거나 기어오르는 등 자율적이고도 창의적인 방법으로 극복해나갔다. 목표 지점 앞에 있는 마지막 관문 외나무다리도 주저 없이 건넜음은 물론이다. 이 실험을 통해서 뇌는 목표만 정해지면 복잡한 차원의 성취를 이끌어낼 수 있다는 것을 확인했다.[33]

문제는 욕구를 충족할 목표를 쉽게 찾을 수 없다는 데 있다. 자연 속에서 먹을 것을 찾기 위해서는 배고픈 것을 참고 노력하는 과정이 필요하다. 또한 원하는 목표를 빨리 찾기 위해서는 창의적인 전략도 필요하다. 자연 속의 많은 동물들이 목표를 찾는 다양한 방법들을 개발하여 생존과 적응을 해나가고 있다. 그러나 목표를 찾은 뒤 나오는 행동은 동물마다 거의 유사하다. 사냥 행동과 같이 대상을 추적하고 잡고 먹는 행동이다.

인간은 욕구를 충족하기 위한 매우 독특한 전략을 가지고 있다. 목표가 나타나기 전에 미리 목표를 설정하는 것이다. 연구에

뇌 과학이 인생에 필요한 순간

서는 연구 목표가 있고 기업이나 정부에서도 달성 목표를 세운다. 현재는 보이지 않지만 목표를 설정하고 나면 보다 강력한 동기로 목표를 이루기 위한 목적지향적 행동이 나온다. 한 사람의 목표 달성에 그치지 않고 조직이 합심하여 하나의 목표를 달성하기 위해 움직인다. 이때 목표 달성을 위해 인센티브라는 제도를 사용하면 더욱 효과적이다. 목표를 달성하면 원하고 갖고 싶은 것을 보상으로 얻을 수 있다면 인간의 목적지향적 행동은 더욱 탄력을 받는다.

견물생심의 원리와도 상통한다. 평소에는 생각이 없더라도 실제 물건을 보면 욕심이 생긴다. 돈에 관심이 적다가도 옆 팀이 성과 달성으로 인센티브를 받으면 나도 받고 싶고, SNS에서 쏟아져 나오는 화려한 집과 자동차와 명품 옷을 누리는 삶을 보면 나도 저런 집과 물건을 누리는 생활을 하고 싶다는 생각이 생긴다. 이는 인류가 자본주의 역사를 이끌어온 전략이다.

02

욕망의 채널을
돌리자

뇌의 딜레마.
욕구에 따라 행동하게 하는 것도
욕구를 억제하여 행동을 멈추는 것도 모두 뇌의 임무다.

1973년 노벨생리의학상을 수상한 동물생태학자 니코 틴베르헌은 동물은 매 순간 하나의 욕구에 집중한다고 했다. "두 마리 토끼를 쫓지 마라"라는 격언과도 일맥상통한다. 두 가지 이상의 욕구가 동시에 발현되면 목표를 성공시킬 가능성이 낮아진다. 그렇다면 매 순간 우리의 뇌는 한 번에 한 가지 욕구를 선택하여 행동한다고 볼 수 있다. 이것이 가능하기 위해서는 시상하부의 욕구신경들 중 하나만 빼고 나머지는 억제되어야 한다. 마치 텔레비전 채널처럼 어느 것에 집중해야 하는지 끌림의 욕구가 조절되고 있는 것이다. 욕구의 채널은 어디에 존재하고 어떻게 조절되는가?

뇌 속에 존재하는 욕구 채널

욕망의 채널, 시상하부 hypothalamus

뇌의 시상하부에는 성욕, 식욕, 물욕, 안정욕, 공격욕 등 본능적인 행동을 만드는 다양한 신경들이 존재한다. 서로 다른 본능신경들이 이웃처럼 존재하는 이유는 무엇일까? 첫째, 만일 하나의 욕구가 선택된다면 다른 욕구가 억제되어야 하기 때문이다. 가까이 있으며 한 신경이 흥분할 때, 이웃 신경은 억제되도록 할 수 있다. 마치 텔레비전에서 한 채널을 틀어놓으면 다른 채널은 나타나지 않는 원리를 생각하면 이해가 쉽다.

둘째, 출구수렴이론 gate-convergence theory에 의하면 이들 신경이 유사한 신경경로를 통해 욕구를 발현시킨다. 마치 한 지방에서 다른 지방으로 자동차 여행을 가기 위해 톨게이트를 지나야만 고속도로를 탈 수 있는 것을 상상하면 좋다. 실제로 이들 신경은 모두 공통적으로 회색수도관 PAG, periaueductal grey 지역으로 신호를 보낸다. 회색수도관 신경이 활성화되면 목적지향적 행동이 나온다. 먹을 것이 보이면 먹이 행동이 나오고 성적 대상이 보이면 성적 행동이 나온다.

우리 연구팀은 욕구의 채널이 어떻게 작동하는지 실험을 해보았다. 암컷 생쥐와 수컷 생쥐, 그리고 장난감 한 개를 방 하나에 넣어주었다. 수컷 생쥐는 암컷 생쥐에게 접근하며 구애 행동을 보였다. 잠시 후 암컷 생쥐도 수컷에게 관심을 보이며 접근을 시도했다. 시상하부에는 성욕을 조절하는 신경이 존재한다. 이들 신경을 자극하면 대상과 관계없이 교미 행동이 나오게 된다. 그런데 이 순간, 물건에 대한 욕구를 만드는 MPA 신경을 자극했다. 그러자 갑자기 수컷 생쥐는 부산하게 움직이면서 목표를 찾기 시작했다. 자리를 비키라는 듯 암컷 생쥐를 공격하기도 했다. 결국 방구석에 있는 장난감을 발견하고는 그것을 물고 돌아다니는 놀이 행동을 보이기 시작했다. 성욕 채널이 물욕 채널로 바뀌는 과정을 실시간으로 관찰한 셈이다.

욕망 채널을 선택하는 전전두엽 prefrontal

과연 욕망의 채널은 누가 돌리는가? 주어진 시간에 무엇을 할지 의사결정을 하는 것은 전전두엽이다. 전전두엽이 실제로 욕구를 조절할 수 있는지에 대해서는 수많은 간접적인 증거들이 있다.

예를 들어 전전두엽의 기능이 약화되는 순간에 나타나는 행동을 보면 전전두엽의 기능을 유추할 수 있다. 수면 중에는 전전두엽도 자고 있는데, 이때를 살펴보자. 꿈속에서 나를 보면 매우 비도덕적이다. 욕구에 매우 충실하게 행동하는 자신을 발견할 수 있다. 프로이트는 꿈속에 나타난 자신의 모습을 보고 적지 않은 충격을 받은 모양이다. 그의 책 『꿈의 해석』에서 성적인 에너지로 충만한 모습이야말로 진정한 에고의 표출이라 주장하는데, 그 파급

효과가 매우 커서 그의 주장은 심리학의 한 학파를 이룬다. 그러나 프로이트는 전전두엽이 활동하지 않는 특수한 상황을 본 것이다. 한 인간의 본성은 뇌가 모두 깨어 있을 때 판단해야 한다.

운전 중에 공격성이 증가하는 것도 같은 원리로 설명할 수 있다. 전두엽이 운전에 집중하다 보니 그만큼 시상하부의 공격성을 다스리는 일에 소홀하게 된다. 어떤 일에 과도하게 집중하는 사람에게 말을 걸었다가 공격적인 답변을 듣게 되는 것도 같은 원리다. 그러니 운전을 하다가 주변 차량이 공격적으로 반응하거나 심한 욕을 하더라도 똑같이 공격적인 언행을 하며 되갚아주기보다 너그러이 이해하는 지혜도 필요하다. 그만큼 상대방 뇌의 전두엽 기능이 부실한 것이고 그로 인해 그는 언젠가는 대가를 치르게 될 것이다.

술에 취했을 때도 비슷한 현상이 나타난다. 알코올은 신체의 전반적인 신경전달을 억제하고 수면을 유도하는데, 이때 전두엽의 기능이 현저히 저하한다. 취중진담이라고 하지만 취중에 하는 말은 알코올에 의한 전전두엽 억제로 본능에 충실한 언어가 조절이 안 된 상태로 나오는 현상이다. 술을 먹고 사랑을 고백하면, 많은 경우 깨고 나면 후회한다. 사랑을 고백할 때는 허락을 받지 못할 가능성과 한 장 남은 고백 카드를 잃고 더 이상의 기회가 없을까 봐 두려워서 신중히 말을 꺼내는 것이 정상 행동이다. 그런데 조절이 안 된 언어가 술로 인해 나오니, 후회를 하는 것이 인지상정이다. 마찬가지로 술을 마시고 공격성이 강해지는 것도 시상하부의 공격성 신경의 억제가 풀렸기 때문이다.

성공의 기쁨을 주는 보상회로reward circuit

보상회로는 주로 도파민 신경으로 이루어져 있다. 이 신경은 보상이 주어진 대상, 장소, 방법 등을 기억하는 역할을 한다. 다음에 기회가 다시 오면 해당 행동을 더욱 강화하여 반복하게 만든다. 자녀들에게 일정한 장소와 시간에만 게임을 하도록 하면 오히려 게임에 중독될 확률이 높아지는 것도 도파민 신경 때문이다. 한번 보상을 얻으면 해당 행동을 쉽게 할 수 있도록 돕는데, 이를 강화학습이라 한다.

도파민 신경은 어떤 행동이 가장 보상을 많이 주는가를 양적으로, 상대적으로 평가하기도 한다. 보상을 상대적으로 비교하고 분석하는 역할을 하는 것이다. 특정 행동에 대해 사탕을 줄 때와 안 줄 때를 비교하면 사탕을 줄 때 보상회로가 작동한다. 사탕을 한 개 줄 때보다 두 개 줄 때 도파민 신경이 더 흥분한다. 원숭이에게 보상으로 오이를 주다가 포도를 주기 시작하면, 그다음부터는 오이보다 더 달고 맛이 있는 포도를 기대한다. 월급을 매달 200만 원 받다가 240만 원으로 인상되는 상황과, 매달 270만 원을 받다가 240만 원으로 인하되는 상황의 경우 240만 원을 받는다는 데는 변화가 없지만 두 경우의 행복지수는 상이하다.

뇌 과학이 인생에 필요한 순간

보상회로는 사회적 관계에도 작용한다. 예를 들어 부부가 평생 정을 붙이고 살 수 있는 이유도 서로 강화학습이 되었기 때문이다. 그것이 어떤 보상이든 부부간에 보상이 있어야 관계를 강화하는 데 도움이 된다. 앞서 말한 대로 부부간에 화목을 유지하려면 보상의 질을 점점 높이는 것이 좋다. 그러나 대부분 신혼 때보다 보상의 강도는 점점 낮아진다는 데 문제가 있다.

내가 만나는 모든 사람들은 도파민 꼬리표가 달려 있다. 도파민 신경은 사회적 대상에 따라 얼마나 나에게 보상을 얻을 수 있는지 혹은 보상을 빼앗는지를 기억하고 거기에 맞도록 행동을 만들어낸다.

폭력성도 보상회로가 강화한다. 신경과학자들이 어떤 쥐에게 그보다 약한 쥐와의 싸움에서 이기게 하자 승리한 쥐는 더욱 폭력적으로 변했는데, 이때 도파민 신경이 흥분됨을 발견했다. 과학자들이 이들 생쥐에게서 도파민 신경을 억제하자 그 쥐는 더 이상 폭력성을 보이지 않았다. 학교폭력이나 성폭력도 그 자체로 보상회로가 작동한다는 데 문제가 있다. 한번 성공하면 반드시 반복되고 누군가 자신 있게 그런 행동을 한다면 이미 초범이 아닐 가능성이 높다. 부모가 자식을 혼내는 것도 중요한 훈육이지만 그것이 폭력적일 때 뇌에 보상이 생겨 습관이 되고 강도가 심해질 수 있다는 것을 주의해야 한다.

중독을 일으키는 약물들은 도파민 회로를 직접 흥분시킨다. 약물 자체가 보상이 되는 것이다. 따라서 외부적으로 아무런 보상이 없어도 약물을 찾아 먹고자 하는 행동이 강화될 수 있다. 약물에 의한 보상회로 자극은 워낙 강력해서 다른 보상자극엔 만족할 수가 없다. 스스로 행동을 해서 얻는 성취감이 사라진다. 어떤 일을 해도 보상이 약물의 경우보다 적기에 의욕이 나지 않는다. 따라서 약물 중독은 치료보다 예방이 약이다. 근본적으로 삶에서 보상을 찾기 어렵기 때문에 약에 끌리는 것이므로 자신에게 보상을 주는 취미나 활동을 반드시 갖는 것이 정신 건강에 좋다.

몸을 움직이는 운동회로 Motor circuit

뇌가 목적에 따라 몸을 움직이는 방법은 두 가지가 있다. 첫 번째는 유도행동 guided movements 이다. 지나가는 이성에게 고개를 돌려 따라가거나, 맛있는 음식에 저절로 눈이 가고 그 앞으로 가서 지갑을 여는 행동이 그것이다. 사냥할 때 동물들이 먹잇감을 추적하는 일은 유도미사일과 같이 자동으로 이루어진다. 감각 신경회로가 운동을 유발하는 뇌간의 윗둔덕 Superior colliculus 신경으로 연결된다. 생각을 하는 대뇌피질을 건너뛴다는 의미다. 우리가 운전할 때 딴생각을 해도 저절도 운전이 되는 것도 같은 원리다. 시각정보가 핸들을 움직이는 운동으로 바로 연결되기에 가능하다.

두 번째로는 대뇌 피질이 관여하는 의식적인 행동이다. 이성이 지나가도 고개를 빳빳이 세우고 곁눈질을 하거나 음식에 눈이 가지만 다이어트를 위해 발걸음을 돌리는 행동이다. 그런데 몸을 운전한다는 것은 간단한 일이 아니다. 뇌가 몸을 움직이기 위해서는 뇌가 몸의 각 부위와 위치를 인식해야 하고 움직이고자 하는 근육에 신호를 보내야 하는데 감각신경과 운동신경이 분리되어 있으므로 뇌는 입력감각신호와 출력운동신호를 비교해가며 몸을 움직여야 한다. 움직인 몸의 위치를 눈으로 보고 계속 느끼면서 움직인다면 시간이 많이 걸리고 매우 비효율적이 된다.

요즘 택배회사 애플리케이션을 보면 물건이 어느 단계에 와 있는지 트럭이 움직이면서 과정을 보여준다. 그러나 그것은 시뮬레이션일 뿐 실제 트럭은 아니다. 실제 트럭을 보여주려면 CCTV로 트럭을 찍으며 오는 과정을 보여주어야 한다. 운동피질 신경회로를 해부학 구조를 보면 택배 애플리케이션과 유사한 원리가 발견된다. 대뇌 운동피질은 움직이라는 명령을 신경의 신호로서 근육에 전달하지만 그 명령신호가 근육으로만 가는 것이 아니다. 운동신경의 중간에 가지치기 신경회로를 통해 운동신호는 시상핵으로 들어간다. 소뇌는 몸의 움직임을 감지하여 신호를 시상핵으로 보낸다. 애당초 전달된 운동명령신호와 그 결과 움직인 데이터 정보가 시상핵에서 만나는 것이다. 여기에서 비교가 이루어지고 만일 서로 다르면 시상핵은 대뇌운동피질에 명령을 내려 교정하도록 한다. 우리가 커피잔을 들고 부드럽게 이동할 수 있는 이유는 바로 감각신호와 가상신호가 '맞아' '맞아' 하면서 계속 팔의 긴장을 적절히 유지하기 때문이다.

가지치기 회로의 존재를 우리가 경험할 수 있는 사례가 있다. 내가 옆구리를 간지럽히면 간지럽지 않다. 뇌는 가지치기 회로를 통해 가상모션 정보가 전해져 옆구리에 손가락이 닿을 것을 미리 알고 있기 때문이다. 스포일러를 통해 영화 내용을 미리 알고 보면 긴장감이 떨어지는 원리다. 물론 간혹 자기가 간지럽히고 자기가 낄낄대는 사람도 있다. 그 사람은 아마도 가지치기 신경회로의 발달이 미진한 것이 아닌가 사료된다. 이렇게 실제 모션과 가상 모션을 반복적으로 비교 분석하여 실수를 줄이는 과정을 운동 학습이라 한다. 나이 들면 실제의 움직임과 가상의 움직임 사이에 괴리가 생겨 낙상을 하는 등 문제가 생긴다.

결국 행동에 대한 의식은 예측한 가상신호들을 통해 먼저 일어나고 이후 실제 행동을 인식한다. 실제 움직임에 대한 인식은 그것이 가상신호와 일치하지 않을 때만 일어난다. 계단을 예측하고 발을 내디뎠는데, 계단이 없어 헛디딘 적이 있지 않은가? 뇌 속에선 가상 계단을 만들어놓고 가상 운동신호를 만들어내고 있는 것이다. 그래야 현실 세계와 맞는 행동을 만들어낼 수 있다. 계단을 객관적으로 인식한 뒤 하나씩 오르면 매우 느릴 뿐 아니라 결국 운동신호와 감각신호 간의 괴리로 넘어지게 된다.

뇌가 행동을 의식적으로 조절할 수 있다는 것은 희망이다. 본능에 따른 유도행동을 억제할 수 있다는 것이다. 나아가 본능에 반하는 바른 행동을 할 수 있도록 몸을 조정할 수 있다. 그리고 미래의 보상을 위해 현재의 보상을 포기할 수도 있다. 의식의 행동 조절을 잘 활용하기 위해서는 훈련이 필요하다. 본능에 끌리게 될 때, 멈추고 생각하는 훈련을 반복하는 것이다. 그리고 내가 그것을 멈출 수 없다는 결론에 도달할지라도 그로 인해 더욱 겸손해질 수 있다.

뇌가 행동을 의식적으로 조절할 수 있다는 것은 동시에 비극이다. 본능유도행동은 금방 탄로가 나지만 의식적으로 상대를 속이는 행동을 할 수 있기 때문이다. 이를 가식이라 한다. 사랑하지 않지만 고백할 수 있고, 아이디어가 없지만 있는 척할 수 있다. 굳이 사악함이 아니더라도 우리는 두려움 때문에, 혹은 걱정 때문에, 나를 보호하려는 의도로 의식적인 행동을 한다. 아마도 직장에서 취하는 행동의 90퍼센트 이상은 이에 속할 것이다. 만일 이런 자신의 모습이 싫고 보다 진실해지기 원한다면 방법은 간단하다. 멈추고 생각해보자.

03

사기당하는 것은 본능이다

나를 속이는 것은
나의 본능이다.

본능적 욕구는 나의 이익을 위한 것이지만, 오히려 손해를 입거나 이용당할 수 있다는 데 문제가 있다. 뇌 속 채널의 목표는 욕구를 적절하게 조절하는 데 있다. 그런데 욕구를 조절하지 못하고 눈앞에 보이는 목표만 따라가다가는 이득은커녕 손해만 보는 경우가 많다. 호주산 딱정벌레는 분홍색 표지판이나 맥주병을 암컷으로 착각해 교미를 시도한다. 말벌은 난꽃을 보고 교미를 하면서 결국 생식은 못 하나 난의 꽃가루를 대신 옮기는 역할을 한다.

많은 포식자들이 본능을 활용하여 사냥한다. 덩치가 큰 포투리스photuris 반딧불이 암컷은 자신의 불빛을 보고 찾아온 작은 포투리스 반딧불이 수컷을 잡아먹는다. 성적으로 유혹하는 척하며 먹이를 잡아먹는 전략이다. 아귀는 얼굴 끝에 달린 유인 오브젝트를 흔들며 먹이를 유인하여 가까이 다가온 물고기를 잡아먹는다. 소백로는 노란 발을 물속에 담근 뒤 물고기들이 다가오기를 기다린다. 노랑부리저어새는 노란색 부리를 물속에 담근 다음 물고기를 잡는다. 노란색은 물고기들에게 호기심을 유발하는 색이다.

약한 본성을 이용하는 사기 수법들

사회에서 일어나는 대부분의 사기 범죄들은 인간의 본능을 이용한다. 특히 돈을 벌고자 하는 물욕과 성적인 본능을 활용하는 사례가 많다.

사기범들은 초기에 피해자와 신뢰 관계를 형성한다. 즉, 도파민 신경을 활성화하여 피해자의 뇌가 그 상황에 몰입할 수 있도록 만든다. 화상으로 성적인 보상에 노출된 뇌는 도파민의 작용으로 매일 밤 그날이 오기만을 기다릴 것이다. 이때부터는 피해자를 마음대로 조절할 수 있게 된다.

그런데 사기당하는 피해자의 비율을 보면 남녀의 차이가 있다. 소모품에 대한 사기 피해자는 여자가 더 많지만 성적인 사기는 남자가 더 많이 당한다. 예를 들어 몸캠 피싱의 경우 남자가 90퍼센트로 알려져 있다. 왜 그럴까? 보다 많은 성적인 기회를 만들고자 하는 것이 남자의 뇌이기 때문이다.

1989년 심리학자 러셀 클라크Russell Clark와 일레인 햇필드Elaine Hatfield는 성적인 요청에 대한 남녀 반응의 차이를 연구하여 보고한 바 있다.[35] 그들은 길거리에서 남녀 실험배우를 투입하여 각각 이성에게 다가가 다음과 같은 질문을 하도록 했다.

첫 번째 질문: "오늘 밤 나랑 같이 나갈래?"

두 번째 질문: "오늘 밤 내 아파트로 갈래?"

세 번째 질문: "오늘 밤 같이 잘래?"

이에 대한 남녀의 반응이 달랐다. 여성은 첫 번째 질문에 56퍼센트가 긍정적인 답변을 했고, 두 번째 질문에는 오직 6퍼센트만이 긍정적인 답변을 했으며, 세 번째 질문에는 아무도 그러겠다고 답하지 않았다. 반면 남성의 경우 위 세 가지 질문에 대하여 각각 50퍼센트, 69퍼센트, 75퍼센트가 긍정적인 답변을 했다. 남자의 뇌는 상대방이 성적인 관심을 보였을 때 보다 더 긍정적으로 반응한다는 결론이다.

사기 사건에서도 마찬가지 결과가 나온다. 사회적 동물사회에서는 사기와 범죄 같은 배신을 통해서 큰 이익을 얻는 이들이 있다. 협력을 통한 보상은 균등하지만 사기를 통해 얻는 보상은 더 크다. 협력을 통한 보상은 많은 노력이 필요하지만 사기를 통해 얻는 보상은 적은 노력으로도 큰 이익을 얻을 수 있다. 그래서 마음이 쉽게 혹한다.

그러나 한 번 당하지 두 번 당하지 않는다. 사기와 범죄가 증가할수록 이에 당하지 않으려는 방어기제도 따라서 증가한다. 두터워진 방어기제를 뚫으려 사기범들은 더 교묘한 수법을 만들어내지만, 결국 수법은 들통나기 마련이며, 이들의 말로는 처벌이다.

불법은 아니지만 우리가 소비하는 물건 대부분은 내가 그 가치를 활용하는 것보다 비싸게 주고 샀다는 측면에서 착한 사기를 당했다고 볼 수 있다. 사기를 당하지 않기 위해 소비를 중단한다면 기업과 경제가 어려워져 나의 경우 연구비도 축소될 것이다. 오히려 이미 구입한 제품을 잘 활용하는 것이 중요하고 가치판단이 되지 않을 때는 중고제품을 사는 것이 언제나 유리하다.

결론적으로 사회적 동물로서 인간은 어느 정도 사기를 당하지 않고 살기란 불가능하다. 따라서 사기를 당하고도 좌절하지 않고 다시 정상적인 삶을 유지할 수 있는 내성과 체계를 갖추는 것이 중요하다. 사기 사건과 같은 범죄뿐만 아니라 일이나 생활에 있어서도 마찬가지다. 내가 하는 노동보다 큰 보상을 받고 있다는 사실을 알고 감사하는 마음을 가지는 것이 행복의 지름길이다.

우리 연구실에서 동물실 관리를 담당하시는 분의 이야기로 마치고자 한다. 그분은 퇴역 군인이신데 늘 학생들에게 건강보조식품과 과일을 제공하신다. 벌써 3년째다. 글을 쓰고 있는 지금도 그분이 전해주신 과일 한 개를 먹고 있다. 월급도 크지 않은데 늘 베

푸는 삶을 살고 계시는 이유가 우리나라 과학 발전을 위해서라고 하신다. 우리 학생들이 연구해서 훗날 그 결과를 국민들과 나누는 훌륭한 과학자가 되어 은혜에 보답했으면 하는 바람이다.

5부

내 안의 창의성
깨우기

: 창의성은 특별한 재능이 아니다

아이에게 대양을 보여주어라.
그러면 스스로 배를 만드는 법을 찾아낼 것이다.

_생텍쥐페리

01

창의성이
필요한 순간

창의성은
생존을 위한 기본 소양이다.

뇌 속에 저장된 다양한 오브젝트들은 기본적으로 같은 재료로 만들어져 있다. 신경과 신경의 연결체인 것이다. 따라서 뇌 속에 존재하는 오브젝트들은 언제든지 쉽게 연결지어 생각할 수 있다. 나무와 탄소막대기를 접목해 연필을 만들고 수레와 말을 이어서 마차를 만들 수 있는 것이다. 새롭게 연결하여 만든 생각을 아이디어라고 하고 이러한 능력을 창의성이라 한다.

창의성은 생존에 필수적인 기능으로 가히 자연에서 존재하는 모든 것은 창의적이다. 예를 들어 '빵은 먹을 것이다'라는 정보만 사용한다면 빵을 먹는 것만으로 끝난다. 그러나 뇌는 빵과 돈을 연결해서 장사를 하는 아이디어로 더 큰 이득을 얻을 수 있다. 실제로 일부 까마귀 종류는 빵조각을 이용해 물고기를 유인한 뒤 잡아먹는다. 물고기를 잡는 새의 입장에서 '빵-먹을 것'이라는 정보를 '빵-물고기'와 연결지어 나타난 결과다.

동물들은 포식자에게 잡아먹히지 않기 위해 창의적인 행동을 하기도 한다. 도마뱀은 포식자가 나타나면 도망가는 대신 팔굽혀펴기를 하거나 공중에 팔을 휘젓는다. 신기한 일은 이를 본 뱀은 도마뱀을 잡아먹는 걸 포기한다는 것이다. 도마뱀이 팔을 휘젓는 건 자신이 충분히 도망갈 근력과 지구력이 있다며 보여주는 행동이다. 도망가는 것보다 훨씬 적은 에너지로 적을 물리칠 수 있는 것이다. 이러한 행동은 사람에게서도 나타난다. 내가 중학교에 입학하여 1학년 1학기가 시작되었을 때, 우리 반에는 욕을 하고 기물을 부수는 등 과장된 행동을 보이는 친구들이 많았다. 남학생들 간에 '나를 건들면 다친다'는 메시지를 주는 행동이다. 과거 학교 폭력이 난무하던 시절에 살아남기 위해 나도 집에서 욕을 연습해 간 기억이 있다.

창의성은 사전적 의미로 해석하면 새로운 아이디어를 만들어 내는 능력이다. 알려져 있지 않은 것을 상상할 수 있어야 한다. 부모들은 자녀들이 이상한 생각이나 말을 할 때 창의성이 많다고 좋아하는데 그것도 이 때문이다.

뇌 과학이 인생에 필요한 순간

뇌가 창의성을 발휘하기 위해서는 매우 복잡한 과정을 거친다. 창의성을 발휘할 때 뇌 영상을 보면 의사결정, 감정, 행동을 조절하는 다양한 뇌 부위가 활성화된다. 동시에 활성화된다는 것은 서로 연결이 활발하게 이루어지고 있다는 뜻이다.

창의성에서 중요한 한 가지는 많은 아이디어들 중에 가장 유용한 것을 선택할 수 있는 능력에 있다. 직장에서 문제를 해결할 때, 새로운 대안만 나열한다고 해서 창의적인 사람으로 인정받지 못한다. 그중에서 가장 좋은 방법을 선택할 수 있어야 한다. 좋은 선택은 본능에 의해, 경험에 의해, 사고에 의해 전략적으로 이루어진다.

또한 아이디어가 살아남아야 창의적이 된다. 아이디어 자체는 신선하고 좋은데 실제로는 예상한 효과가 나오지 않는 경우가 많다. 세상은 창의적인 아이디어의 각축장으로서 창의적인 것들 중에 가장 좋은 것만 살아남는 속성이 있다. 결국 창의적인 것이 성공하는 것이 아니라 성공하는 것이 창의적인 것이 되는 셈이다.

창의성은 일부 사람들에게 한정되지 않았다. 모든 뇌가 가지고 있는 기본 소양이다. 뇌 속의 지식은 세상에 존재하는 사물들을 단순히 기록하기 위해 존재하지 않는다. 그것을 연결하여 창의성을 발휘하기 위함이다. 오브젝트를 아는 것을 넘어 오브젝트를 서로 연결하여 새롭고 유용한 아이디어를 내는 것이야말로 뇌의 중요한 기능이다.

02

창의성을 키우는 훈련

창의성은 특별한 재능이 아니다. 본능이다.
훈련을 통해서 얼마든지 증진할 수 있다.

창의성은 새로운 생각이나 물건을 만드는 능력이다. 무엇이 없는지, 무엇이 새로운지 질문을 해야 그 답을 얻을 수 있다. 한국의 부모들은 자녀가 학교에서 돌아오면 "오늘 무엇을 배웠니?"라고 질문한다. 그러나 이스라엘 부모들은 자녀에게 "오늘 무슨 질문을 했니?"라고 묻는다. 한국 부모들은 "놀지 말고 공부해"라고 말하고 이스라엘 부모들은 "무엇을 하면서 놀 거니?"라고 질문한다.

배움의 목적은 새로운 것을 하기 위함이다. 공자는 『논어』 위정편에서 온고이지신溫故而知新이라 했다. '옛것을 제대로 알고서 새로운 것을 안다'는 뜻의 이 말을, 신경과학자로서 나는 옛것故 즉,

뇌 과학이 인생에 필요한 순간

이미 머릿속에 있는 정보들을 따뜻하게溫 하라는 의미로 이해한다. 신경회로가 작동하면 열이 나므로 실제로 따뜻해진다. 신경회로가 따뜻함을 유지한다는 건 머릿속 저장된 정보들이 죽은 지식으로 사라지지 않고 생생히 활용되고 있다는 의미다.

하늘 아래 새것이 없으며 새로운 것은 이미 있는 것들의 연결로부터 나온다. 새로운 생각은 늘 뇌 속에 있는 정보들을 조합함으로써 누구나, 언제든 만들 수 있다. 그러므로 창의성은 본능이며 특별한 재능이 아니다. 훈련을 통해서 얼마든지 증진할 수 있다.

창의성 훈련법 4가지

일상에서 실천할 수 있는 간단한 깨달음에 관한 훈련은 오늘 발견한 '내가 모르는 것'에 대해 질문해보는 것이다. 산책을 하거나, 목적지를 향해 걸어갈 때, 간판을 볼 때, 나무와 꽃을 볼 때, 음식을 기다릴 때, 내가 모르는 것은 무엇인지 생각한다. 발견한 내용을 휴대전화 애플리케이션이나 메모지를 사용하여 기록한다. 처음에는 몇 개 적는 것도 어렵지만, 시간이 지날수록 가속도가 붙는다.

나는 하루 동안 150가지 새로운 질문에 대해 기록한 적이 있다. 지식이 질문을 낳고 질문이 새로운 지식을 낳는 선순환이 일어나기 때문이다. 누구나 무지의 자각 훈련을 하면 아이디어의 대폭발을 경험할 수 있다. 무지를 기록하다 보면 나 혼자 모르는 것이 아니라 세상 모든 사람들이 함께 모르는 유레카적인 발견을 하는 행운도 경험할 수 있다.

2005년《사이언스》125주년 기념호 첫 장의 스페셜 이슈 제목은 「우리는 무엇을 모르는가What don't we know」였다.[36]《사이언스》는 125주년을 자축하면서 "야, 신난다! 우리가 아직도 모르는 게 이리도 많아" 하면서 즐거워하는 듯했다. 《사이언스》는 125가지 질문에 대하여 순위를 매겼다. 그중 몇 가지만 보자면 다음과 같다.

1위: 우주는 무엇으로 만들어졌는가?

2위: 의식의 생물학적 기제는 무엇인가?

3위: 어떻게 그렇게 적은 수의 유전자(약 2~3만 개 정도)로 생명 현상이 유지될까?

6위: 인간의 수명은 얼마나 연장될 수 있을까?

11위: 우주에는 우리뿐인가?

15위: 기억은 어떻게 저장되고 소급되는가?

16위: 협력은 어떻게 진화했을까?

인류가 아직 모르는 것들의 목록을 살펴보면 이렇듯 거대하고 어려운 공식이나 이론 같은 것들이 아니다. 우리가 숨 쉬고 살아

뇌 과학이 인생에 필요한 순간

가는 세계의 대부분 것들의 원리를 인류는 잘 모르고 있다.

하루 동안 기록하며 적어나가는 질문들도 거대하고 어려운 무언가일 필요가 없다. 당연하게 여기며 살아가는 많은 것들을 우리는 사실 '안다는 느낌'만으로 안다고 착각하고 있다. 끊임없이 궁금해하고 질문할 때 우리는 진정한 깨달음의 길에 다가설 수 있다.

창의력을 증진하는 두 번째 훈련은 상상으로 서로 다른 아이디어나 사물들을 연결해보는 것이다. 1980년대에 개인용 컴퓨터가 막 개발되었을 때, 많은 이들이 깜박이는 커서에 명령어를 타이핑하여 컴퓨터 업무를 수행하는 것을 불편해했다. 스티브 잡스는 불편함의 원리를 구체적으로 인지했고, 아이콘을 만들어 컴퓨터 언어와 연동시키면 좋겠다는 아이디어를 낸다. 정작 그는 컴퓨터에 대해 잘 몰랐으나 친구와 협업하여 함께 애플 컴퓨터를 만들었다. '타이핑'보다 '클릭'이 중요해지는 역사적인 순간이다. 수천 억 달러를 투자하며 컴퓨터를 개발한 IBM을 빠른 시일에 누르고 세계 최고의 컴퓨터 회사로 성장한 애플의 위력은 바로 한 사람의 뇌 속에서 일어난 작은 연결에서 시작되었다.

"창의적인 사람들에게 어떻게 했냐고 묻는다면 그들은 죄책감을 느낄 것이다. 그들은 그저 연결을 본 것뿐이기 때문이다."

연결하라. 알고 있다고 생각한 것들에서 새로움을 발견할 수 있을 것이다.

세 번째 훈련법은 내가 아는 것들의 관계를 생각해보고 끊어진 연결고리를 찾는 마인드맵 훈련이다. 2004년 카이스트에 부임했을 때, 한 학부생에게 대략 500편 정도의 논문을 한 학기 동안 정리하여 연결지도를 작성하는 프로젝트를 주었다. 그 학생은 렙틴Leptin과 발작을 일으키는 뇌전증epilepsy 키워드는 각각 다른 모든 키워드와 연결되는 허브를 이루는데, 정작 렙틴과 뇌전증의 관계는 모른다는 것을 발견했다. 그 학생은 렙틴이 전증발작에 중요한 해마신경을 억제할 수 있다는 가설을 제안했는데 이것은 생체물질인 렙틴이 전증치료제로 작동할 수 있다는 놀라운 발견이었다. 이미 알려진 사실들을 연결만 해도 우리가 그동안 몰랐던 새로운 질문과 해답을 발견할 수 있다.

네 번째 훈련법은 창의적인 아이디어를 실행에 옮기는 것이다. 대부분의 사람이 창의적인 생각을 하지만 창의적인 행동으로 옮기지는 못한다. 연결지도를 통해 렙틴이 뇌전증 치료제로 쓰일 수 있음을 발견한 그 학부생은 이후 학부 졸업 논문을 작성한 뒤 의대에 진학했다. 그리고 나도 렙틴과 진정증에 관한 관련 프로젝트를 진행하지 않은 채 발견에 관한 사실을 까맣게 잊고 있었다. 그런데 2008년 세계적으로 권위 있는 의학 전문 학술지 중 하나인 《임상 연구 저널Journal of clinical investigation》에 보고된 한 논문에서 렙틴이 진정증 발작을 억제한다는 사실을 밝혔다. 이후 렙틴의 진전증 억제에 관한 특허와 관련 연구들이 발전했다. 한 달이면 검증할 수 있는 아이디어를 실천하지 못해 결국 논문과 특허는 다른 사람의 것이 되었다.

아이디어가 좋다고 창의적인 것이 아니다. 발견과 아이디어가 세상 속에서 실제로 쓰일 수 있는 창의성인지 검증을 하고 열매를 맺어야 의미가 있다. 한번 창의적인 아이디어로 성공한 경험이 생기면 그것이 아무리 작은 것이라 할지라도 그의 인생은 창의적인 것으로 새롭게 태어날 준비가 된 것이다. 성공의 경험을 만들어주는 창의성 실천 교육이 중요한 이유다.

03

공부를
잘하고 싶다면

공부하지 말고
공부할 이유를 찾아라.

날이면 날마다 방 안에 드러누워 휴대전화와 컴퓨터로 게임을 하는 자녀들을 보면 공부하려는 욕구 자체가 없는 것은 아닌가 하는 의심이 든다. 학교에서 학생들을 가르치고 연구하는 일을 하다 보니, 종종 외부 강연을 나갈 때면 학부모들에게서 아이들이 공부를 안 해 걱정이라는 하소연을 듣기도 한다. 그럴 때마다 나는 "신경과학적으로 볼 때 자녀들은 공부에 대한 의욕이 없는 것이 아닙니다"라고 말하며 부모님들을 안심시키려 한다. 아이들은 공부에 대한 의욕이 없는 것이 아니다. 다만 공부를 해야 하는 목표를 발견하지 못했을 뿐이다.

우리 아이들이 방 안에서 휴대전화나 컴퓨터 게임에 열정을 쏟는 이유는 그 속에는 분명한 목표들이 있기 때문이다. 카톡을 켜면 친구가 나온다. 게임에서 승리하면 아이템을 보상으로 받는다. 보상으로 받은 아이템을 활용하면 게임에서 승리할 확률이 높아지고 그만큼 더 많은 아이템을 습득하게 된다. 눈앞에 보이는 목표를 빠른 시간 내에 달성할 수 있다.

문학평론가 르네 지라르Rene Girard의 '욕망의 삼각형' 이론에 따르면 '나'는 항상 욕망하는 '중개자'를 보면서 그것을 욕망한다. 텔레비전 드라마나 영화에서 이상적인 부자의 모습을 제시하고 우리는 그러한 모습을 갖고 싶다는 욕망을 가진다. 미국에서 아이들에게 「슈퍼맨」이나 「어벤져스」와 같은 영웅들을 보여주는 것도 마찬가지 목적이다. 아이들이 의로운 마음으로 어려움에 빠진 이를 돕고 건강하고 씩씩하게 자라기를 바라는 마음에서 아이들에게 보여주는 것이다.

목표가 생기면 뇌는 그 목표를 달성하기 위해 다양한 방법을 모색하고 노력한다. 우리 연구팀은 이 사실을 생쥐의 뇌를 자극하여 증명해 보였다. 뇌 속 MPA신경(시상하부 앞쪽에 있는 전시각중추)이 목표물에 대한 호기심을 자극하는 역할을 함을 발견했다. 우리 연구팀은 생쥐를 아무런 자극이 없는 백색 방에 넣고 MPA신경을 자극했다. 이동하는 속도가 약간 증가하긴 했으나 별다른 증상이 보이지는 않았다. 만일 MPA신경이 물건을 만지거나 물고

가는 행동 자체를 유발한다면, 자극했을 때 물건을 가지고 놀 때 나타나는 행동이 나타났어야 한다. 그러나 공중에 목표물인 엄지손가락 한 마디 정도의 오브젝트를 매달자 상황이 달라졌다. MPA 신경이 자극된 생쥐는 오브젝트를 보자 그 밑을 맴돌다가 점프를 했다. 목표 물체를 무는 데 실패하고 바닥에 떨어지자 다시 시도를 했다. 결국 생쥐는 오브젝트를 획득하는 데 성공한다.

목표는 공부를 할 의욕을 만들고, 공부를 하다 보면 새로운 목표가 설정된다. 목표와 공부의 선순환을 만드는 것이 공부를 잘하는 원리다. 공부를 재밌게 하는 학생들은 늘 나름의 목표가 있다. 그것이 자신이 설정한 진도일 수도 있고 시험 성적을 잘 받는 것일 수도 있다. 무언가 보상을 얻는 방법을 선택하는 것도 좋지만, 무엇보다 가장 건전하고 효과적인 목표는 공부 그 자체에서 찾는 것이다. 예를 들어 수학을 공부할 때, 내 몸의 표면적을 계산하는 목표를 먼저 설정한다든지, 경제학을 공부할 때 스스로 돈을 버는 아이디어를 찾는다든지 목표를 설정할 수 있다.

만일 당장 목표가 없다면 무작정 공부를 하기 위해 책상 앞에 앉기보다는 먼저 목표를 생각해보아야 한다. 산책을 하거나 침대에 누워 내가 공부를 해야 하는 목적이 무엇인지 먼저 생각해보자. 이것이 목표지향적 뇌 사용법이다.

공부를 위한 장기적인 목표 설정도 마찬가지다. "너는 장차 어떤 사람이 되고 싶냐?"라는 질문은 학생들의 인생에 정말 중요하지만, 이 질문에 대한 막연한 상상은 그들을 어렵게 할 뿐이다. 눈앞에 롤 모델을 보여주어야 한다. 한 번도 만나본 적 없지만 널리 알려진 성공한 사업가일 수도 있고 지혜로운 이야기들을 자주 들려주는 학교 선생님이 될 수도 있다.

나는 초등학교를 다니던 시절에 들었던 어느 대학 교수의 강연이 수십 년이 훌쩍 지난 지금도 잊히지가 않는다. 서울 성동구에 있는 어린이 회관에서 들었던 강연이었다. 어린 나이에 훌륭한 교수님의 강연을 동네에서 들을 수 있다는 사실만으로 가슴이 뜨거웠다. 전체 강연 내용은 기억이 나지 않지만 그때의 강렬한 느낌과 함께 "책을 많이 읽어라"는 한마디가 기억에 생생히 남았다. 그때 이후로 연단에 선 교수님처럼 이야기하고 싶었고, 다른 사람들에게 내가 알고 있는 지식을 나누고 싶었다. 그때부터 읽기 시작한 책이 어느새 100권이 되고 200권이 되었으며, 학교에서 독서왕 상을 받았다. 당시 어린 나이에 읽었던 책의 키워드들이 지금도 살아 움직이며 내 뇌를 움직이고 있다.

우리 공교육의 가장 큰 문제점은 첫째, 공부를 왜 해야 하는지에 대한 크고 작은 목표를 제시하는 데 실패했다는 데 있으며 둘째, 학생 스스로 목표를 찾는 방법을 알려주지 않는다는 데 있다. 학원에서 지식을 주입받아 학교에서 성적 받는 현재의 상태론 교육의 미래는 없다고 봐야 한다. 아이들에게 "무엇이 되고 싶냐?"라고 질문하기 전에 어른들과 선생님들이 먼저 공부하면 무엇이 될 수 있는지에 대한 가능성과 목표를 제시해주어야 한다.

성적을 잘 받으려면

세상의 문제들 뒤엔 반드시 출제자가 있다. 출제자를 위한, 출제자에 의한, 출제자의 문제를 알고 공부해야 한다. 면접이나 프레젠테이션도 마찬가지다. 발표 내용을 공부할 게 아니라 청중이 누구인지 먼저 공부를 한 뒤 그들에게 필요한 정보를 전달해야 한다.

기업은 소비자가 낸 문제를 해결하고 돈을 번다. 여러 기업이 전기자동차 개발을 시도했으나 미국 기업 테슬라가 독주하고 있다. 테슬라는 고객들의 질문에 충실히 답했다. 고객들은 초창기 전기차가 300킬로미터 이상 가지 못하기에 차로 인정하지 않았다. 지구 환경에 봉사하는 마음으로 지식인들이 세컨드카로 구매했다. 배터리를 많이 장착하면 가능하나 그렇게 되면 차가 무거워져 그만큼 더 멀리 못 가고 가격만 비싸진다. 일론 머스크는 딜레마를 정확히 알고 이 문제를 해결하기 위해 공략했다. 멀리 가는 전기차를 만드는 분명한 목표를 설정했다. 자동차의 모든 내부 장치들을 그 목적에 맞도록 바꾸었다. 스티브 잡스는 애플 컴퓨터를 개발할 때, 컴퓨터 사용자의 요구를 알았다. 명령어를 일일이 타이핑하는 방법으로는 컴퓨터 시대를 열 수 없다는 것을 파악했다.

그래서 그는 컴퓨터 하드웨어보다는 인터페이스에 주목했고 누구나 누르기만 하면 되는 아이콘을 개발해 우리에게 선사했다.

과학자는 자연이 낸 문제를 푼다. 프랜시스 베이컨은 "아는 것은 힘이다knowledge is power"라고 말했다. 그는 모든 만물에 창조자인 신의 지식이 들어 있으니 그것을 아는 것이 힘이라고 말했다. 그런데 헤라클레이토스가 "자연은 숨기를 좋아한다"라고 말한 것처럼 자연 만물 속에 스며들어 있는 의도를 파악하기란 매우 어렵다. 알려진 지식이 아닌 새로운 지식을 찾는 과정이기 때문이다.

과학은 자연이 출제한 문제를 풀기 위해서는 발견한 현상에 대한 원인이 무엇인지 질문을 하고, 질문에 답이 될 수 있는 가설을 세우며, 가설이 맞는다면 일어날 일들을 예측하여, 실험을 설계하는 과학적 방법론을 따라야 한다. 사실 학교에서 배우는 과학지식 자체는 엄밀히 말해 과학이 아니다. 과학의 역사를 배우고 있는 것이다. 물론 이런 지식들이 과학을 하는 데 도움이 된다. 그러나 과학하는 방법도 가르쳐 학생들이 체험하게 한다면 얼마나 좋으랴.

흔히들 '자기주도형 학습'이 좋다고 하는데 일부만 맞는다. 부모가 시켜서 강제로 하는 공부가 좋지 않다는 것에서 유래한 것인데 이것은 당연하다. 사실 세상에서 주어진 공부를 잘하고 좋은 성적을 거두려면 '자기주도형 학습'이 아닌 '출제자 주도형 학습'을 해야 한다. 학생은 선생님의 의도를, 기업은 소비자의 의도를, 과학자는 자연의 의도를 잘 파악해서 공부해야 한다. 미래 인재상으로 이성보다 인과론을 보다 다양한 각도에서 살펴볼 줄 아는 감성과 영성이 중요해지는 이유다. 나를 내려놓고 상대의 마음으로, 신의 마음으로 바라보면 목표가 보이고 질문이 보이고 답이 보인다.

구글에서 사람을 뽑을 때 다양한 요소를 활용하는데 그중 나에게 충격으로 다가온 것이 있다. '다른 사람을 성공시키는 능력'이 그것이다. 다른 사람을 성공시키는 것이란 희생일 수도 있고 더 높은 차원의 능력일 수도 있다. 분명한 것은 다른 사람의 필요를 알아 그것에 대한 답을 제시하는 것이 구글의 성공에 지대한 역할을 했다는 것이다. 이것도 역시 목표 자체가 '타자 중심'이라 할 수 있다.

한국 공교육이 추구하는 목표는 무엇일까? 최근 뉴스를 보니 학교에서 인공지능이나 코딩교육을 강화한다고 한다. 대세가 인공지능이니 틀린 말은 아니다. 그러나 미래에 인공지능이 맡게 될 분야나 직업은 어려운 일이 아니고 귀찮은 일이다. 그것을 알기 위해선 현장에서 일어나는 목소리를 이해하고 현장의 사람들과 교감할 수 있어야 한다. 필요를 알고 섬기려는 자세와 그 필요를 채울 수 있는 이성, 지성, 태도가 중요하다. 공교육은 인공지능으로 1등 하는 방법이 아닌 인공지능으로 대표되는 시대의 의도를 이해하고 질문할 수 있는 인력을 양성할 수 있어야 한다.

04

인공지능
앞서기

───

인공지능의 전유물이 된 반복학습 전략으로는
미래사회에서 차별화될 수 없다.

알파고가 이세돌을 바둑에서 이겼을 때 엄청난 충격이 사회를
강타했다. 이제 인공지능이 인간의 생각을 대신하는 시대가 곧 오
게 될 것이며, 인공지능은 인간을 필요 없는 존재로 여길 것이라
는 온갖 전망과 예측이 난무했다. 뇌는 인공지능보다 열등할까?
결국 인간의 뇌가 차지하는 자리를 인공지능이 대체할 것인가?
아마도 그것이 대세일 것이다. 그럼에도 불구하고 뇌의 기능을 모
방하는 인공지능과의 차이를 알아보는 것은 인공지능 개발자와
신경과학자 양자 간에 흥미로운 주제다.

뇌와 인공지능은 에너지 사용 측면에서 차이가 확연하다. 인공

지능은 에너지 대비 효과적인 결과를 목표로 한다. 그래서 매번 모든 가능한 조건들을 실행해보고 최적의 방법을 선택한다.

하지만 뇌는 직관적으로 좋은 결과를 선택한다. 뇌는 에너지 대비 효율적인 결과를 위한 디자인이다. 꼭 같은 업무가 아니더라도 이전에 성공했던 경험과 지식을 활용하여 최선의 방법을 선택한다. 주어진 조건에서 더 좋은 방법이 있더라도 그 방법을 도출하는 데 시간과 에너지가 많이 소요된다면 결국 뇌에게 좋을 것이 없다. 만일 인공지능과 뇌에게 똑같은 에너지를 주고 생존게임을 한다면 결국 뇌가 승리할 것이다.

뇌의 에너지 효율성과 앎을 설명하는 한 가지 이론은 뇌는 경험할 때 신경들을 중복해서 사용한다는 것이다. 토론토대학의 시나 조슬린 박사는 생쥐를 활용한 공포조건화 실험에서 뇌가 서로 다른 자극의 공포기억을 학습할 때 일부 신경이 중복된다는 것을 발견했다. 이는 서로 다른 기억이 연결되는 고리를 마련할 수 있음을 뜻한다. 컴퓨터는 하드웨어 용량이 다하면 새로운 하드웨어를 넣어주어야 하는데, 뇌는 그럴 필요가 없다. 신경망에 누적해서 기억을 효과적으로 관리하고 기억과 기억을 연결해서 유용한 정보를 새롭게 생산할 수 있다. 뇌는 주어진 에너지를 효과적으로 관리하여 생존하고, 적응하고, 나아가 자연을 바꿔나가는 힘을 발휘하는 전 우주에서 유일한 기관이다.

뇌 과학이 인생에 필요한 순간

하나를 가르치면 열을 아는 뇌의 능력

　다섯 살 아이에게 개와 빵이 뒤섞여 있는 사진을 주고 그중에서 개를 찾아보라고 하면 금방 찾는다. 개를 알지 못하는 어린이에게 치와와 사진을 한 번만 보여주고 '이것이 개'라고 가르치면 금세 개가 무엇인지 알고 응용할 줄 안다. 나중에 시바견이나 몰티즈도 개라는 것을 안다.

　반면 인공지능에게 개를 가르치기 위해서는 적어도 수백 개의 다양한 개 사진을 보여주어야 한다. 치와와만 보여주면 안 된다. 모든 개의 종을 일일이 학습시켜야 다른 개 사진이 나왔을 때 알아본다.

어린아이에게 개와 빵이 뒤섞인 사진을 주며 그중 개를 찾아보라고 하면 금방 찾지만 인공지능은 수천 번 학습시킨 뒤에야 가능하다.

인공지능을 이기는 간단한 방법은 게임의 환경이나 종류를 바꿔보는 것이다. 알파고는 바둑은 잘 두지만 다른 게임을 시키면 그 게임에 대하여 모든 것을 새로 배워야 한다. 반면에 사람은 하나의 게임에서 무엇인가 규칙을 배우면 다른 게임에도 응용할 줄 알아서 더 좋은 성적을 거둔다. 최근에는 뇌의 아는 기능을 모방하는 메타강화학습 알고리즘 개발이 가속화되고 있다. 알파고가 배운 바둑의 규칙은 변하지 않고 언제나 한결같다. 반면에 뇌가 생존해야 하는 자연은 변화무쌍하여 계절과 사회적 환경이 실시간으로 변한다. 변하지 않는 규칙은 생존해야 한다는 것이고, 생존을 위한 적응의 규칙은 시공간적으로 바뀔 수밖에 없다. 뇌는 정해진 규칙에 적응하기 위해 존재하는 것이 아니라 변하는 규칙에 적응하기 위한 기제다.

패턴완성과 패턴분리

풀숲에 숨어 있는 토끼의 귀만 보고도 뇌는 그것이 토끼임을 알아챈다. 오브젝트의 상태가 달라도 뇌가 그것을 같은 오브젝트로 인식하는 원리가 있다. 사과를 한 입 베어 먹으면 모양은 변하지만 뇌는 여전히 그것을 사과로 알 수 있으며, 화재로 잿더미가 된 남대문을 보아도 여전히 사람들 뇌 속에 웅장한 남대문으로

다르게 분장하고
있지만 우리 뇌는
두 사진이 모두
잭 니컬슨이라는 점을
안다.

서 있다. 잿더미가 된 남대문보다 동대문이 기억 속의 남대문과
더 비슷할지라도 뇌는 이것을 혼동하지 않고 구별한다. 현실 속
사물과 뇌 속 오브젝트는 서로 다를 수밖에 없으나 동일한 정체
성을 갖는다. 뇌는 어떻게 오브젝트의 정체성을 만들어내는지 알
아보자.

　위 사진을 보자. 두 사진 속 인물은 같은 사람인가, 다른 사람인
가? 만일 우리가 사진 속에 사람을 있는 그대로 인식한다면 당연
히 다른 사람이라고 말해야 할 것이다. 피부색이나 옷 색깔과 스
타일이 전혀 다르기 때문이다. 그러나 우리 뇌는 둘 다 잭 니컬슨
의 사진임을 안다. 잭 니컬슨을 구성하는 특징들을 단서로 해서
잭 니컬슨이라는 오브젝트를 새롭게 만들어내는 패턴완성 기능
때문에 가능한 일이다. 잭 니컬슨이 자고 있거나 죽었거나 머리를
밀었거나 일부 성형을 했어도 뇌는 같은 사람으로 인식한다. 세상

에 존재하는 모든 것이 변함에도 불구하고 우리는 변하기 전과 후를 하나의 오브젝트로 인식한다.

오브젝트는 신경과 신경의 연결 형태로 존재하고, 신경들의 연결체를 신경망이라고 한다. 그물의 한쪽을 잡아 올리면 모든 것이 딸려 오듯이 뇌는 몇 가지 단서만으로 그것과 연관된 오브젝트를 떠올릴 수 있다.

변장해도 알아볼 수 있는 이유

인지심리학자인 도널드 헵Donald O. Hebb 박사는 기억을 신경과 신경의 연결인 시냅스가 강화되는 현상으로 패턴완성을 설명한다. 시냅스 강화 이론에 따르면 우리 뇌 속에는 잭 니컬슨이라는 지식이 신경 간의 강화된 시냅스 연결로 존재한다. 이들 중 일부의 신경이 자극되면 나머지 신경들도, 강화된 시냅스를 통해 연결된 신경들이 함께 흥분하여 잭 니컬슨을 완성한다. 두 사진 모두 우리 뇌 속에 있는 잭 니컬슨 신경들 중 일부를 자극하기에 우리가 잭 니컬슨을 알아볼 수 있다.

위 그림을 보자. 신경망에서 Ⓐ, Ⓑ, Ⓒ 신경이 흥분하면(가장 왼쪽) 이들 간의 연결성이 증가한다(중간). 나중에 Ⓐ신경이 자극되는 신호가 들어오면 Ⓐ-Ⓑ, Ⓐ-Ⓒ, Ⓑ-Ⓒ 간의 연결회로를 통해

뇌 과학이 인생에 필요한 순간

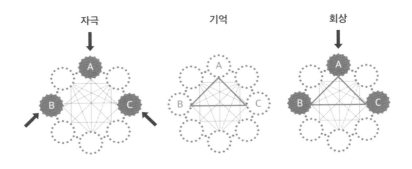

도널드 헵의 패턴완성 이론

자극   기억   회상

Ⓐ, Ⓑ, ⓒ 신경이 모두 함께 기억으로 떠오를 수 있다.

패턴완성 기능은 왜 존재할까? 패턴완성은 생존과 적응에 필수적이다. 점점 자라나는 아기가 어느 날 키가 크거나 살이 쪘다고 해서 엄마가 자녀로 인식하지 못한다면 매우 큰일이 아닌가? 소리만 듣고 그것이 포식자인지 먹잇감인지를 머릿속에 떠올릴 수 있다면 빠르게 의사결정을 할 수 있다.

헤라클레이토스의 말대로 세상은 변화하며, 변화하지 않는 것은 없다. 비록 우리는 같은 강물에 두 번 빠질 수 없어도 뇌는 항상 그것을 강물이라 인식한다. 우리 몸은 물질 차원에선 이미 다른 물질로 수십 번 교체되었는데도 뇌의 관점에선 여전히 나인 것은 변함없는 것과 같다. 뉴턴은 사과가 떨어질 때 시간에 따라 위치와 상태가 변화하지만 사과라는 정체성을 중심에 두고 그 과정을 연구할 때, 중력의 법칙을 발견할 수 있었다. 행성들이 이동하면서 크기가 다르게 변하고 상대적인 위치가 변하지만 각기 행성들의 정체성을 기반으로 수학적 계산을 해본 요하네스 케플러Johannes Kepler는 행성 운항의 법칙을 발견했다. 같은 맥락에서 찰스 다윈Charles Darwin은 시간에 따라 생명체가 변하는 원리를 진화론에서 피력했다. 우리가 어떤 오브젝트에 집중을 하고 그것이 시간과 환경 등 조건에 따라 변화하는 원리를 밝힌다면 그것은 언제나 훌륭한 과학이 되는 것이다.

비슷한 모양도 서로 분리하여 다른 오브젝트로 인식하는 것을 패턴분리라 한다. 나무에서 꽃과 잎사귀를 분리하는 것, 논에 섞여 있는 벼와 잡초를 구분하여 뽑아내는 것도 패턴분리다.

사회생활을 하다 보면 패턴분리를 못해 곤혹스러워하는 사람들이 종종 있다. 공과 사를 구분하지 못한다는 것은 다른 상황을 때에 맞게 구분하지 못해서 나타나는 현상이며, 소설이나 드라마 속 허구를 현실과 구분하지 못하기 때문에 나타나는 일이다. 이문열의 소설 『사람의 아들』을 읽고 실제 성경 속의 예수에 대해 불신앙이 생겨 교회를 떠나는 청소년들이 있었다. 이것을 리얼리티라고 한다. 소설의 리얼리티는 패턴분리 기능을 마비시키는 작가의 능력이다.

아들이 어릴 때 대전 격투 게임인 스트리트파이터를 함께 했다. 물론 내가 이겼다. 게임을 반복해서 지던 아들은 마치 자신이 맞은 것처럼 억울해하다가 갑자기 아빠인 나를 향해 돌진해 때리기 시작했다. 게임 속의 캐릭터와 자신을 동일시해서 마치 자신이 맞은 것 같은 감정을 느꼈기 때문이다. 게임 속 자신의 캐릭터를 때린 캐릭터를 아빠와 동일시하여 아빠에 대하여 공격적인 행동이 나타난 것이다. 패턴분리는 나이가 들면서 발달된다. 산타 분장을 하고 어린이집에 나타난 아빠를 구분하지 못하고 기뻐하는 어린 자녀들이 귀엽지 않은가? 자녀들이 패턴분리를 할 수 있기 전에 느꼈던 감정이 부모의 뇌 속에 남아 오래도록 부모를 웃음 짓게 한다.

반면, 패턴완성과 패턴분리는 정신질환을 설명할 때도 활용된다. 외상후스트레스증후군PTSD, post-traumatic stress disorder 환자들은 공포의 대상이 일반화될 때 증상이 나타난다. 나에게 스트레스를 주는 대상이 아닌데도 그 대상의 일부 정보가 환자의 뇌 속에서 나를 우울하게 하는 대상으로 패턴완성하여 고통이 지속되는 것이다.

대구 지하철 참사를 경험한 사람들이 나중에 지하철이나 지하철과 유사한 버스도 탈 수 없는 것도 같은 원리다. 이를 치료하기 위해 다른 오브젝트들과 패턴분리를 할 수 있어야 한다.

누군가에게 미운 감정이 드는 사람이 있다면 그것이 혹시 패턴완성의 결과가 아닌지 생각해봐야 한다. 나에게 상처를 준 사람과 공통점이 있을 때 뇌는 그를 피해야 할 사람으로 구별할 수 있다.

인공지능도 생각하고 판단하는 지능이 있을까?

"마음과 지능, 인간다움의 본질에 대한 논의는 그만두고, 일단 이 시험을 통과하는 모든 것은 확실히 '지적이다'라고 합의한 다음에, 이 시험을 통과하는 기계를 어떻게 만들 수 있을지 논의하는 것이 훨씬 발전적이다."

-앨런 튜링

1950년 앨런 튜링Alen Turing은 텔레그래프를 활용한 간접적인 대화에서 기계가 사람인지 기계인지 구별할 수 없을 정도로 대화를 잘 이끌어간다면, 이것은 기계가 '생각'하고 있는 근거가 된다고 했다. 이것을 튜링테스트라고 하는데, 이러한 테스트가 필요한 이유는 '생각' 혹은 '안다는 것'을 정의하기 어렵기 때문에 대두되는 간접적인 방법들이다.

만일 뇌에 손상을 입은 어떤 사람이 튜링테스트에서 대화를 잘 이끌어나가지 못한다면 '생각'하고 있지 않다는 근거가 될 수 있을까? 같은 인공지능 프로그램이라도 1960년대 컴퓨터로 구동했을 때와 2018년대 컴퓨터로 구동했을 때, 튜링테스트 성적은 달라질 것이다. 당연히 컴퓨터의 속도가 생각의 여부를 결정하지는 않는다. 앞서 살펴본 것처럼, 우리는 생각하고 아는 지능에 대한 신경과학적 근거에 대해 무지한 상태에서 기계지능과 인공지능을 이야기하고 있는 것이다. 인공지능 연구의 시작점이라고도 할 수 있는 1956년 다트머스콘퍼런스에서 인공지능AI, Artificial Intelligence 이라는 용어가 쓰이기 시작했는데, 이때 '지능'이라는 용어 자체가 뇌의 지능과 같은 의미로 혼돈하기가 쉽다.

유용성 측면에서는 인공지능이 뇌의 지능의 일부 목적을 완벽히 혹은 보다 훌륭하게 구현한다고 말할 수 있다. 그러나 현대 인공지능의 놀라운 능력에도 불구하고 그것이 생각에 의한 것인지 설명하기 어렵다. 인공지능 구성 요소 및 작동 원리를 설명할 때 신경과학적인 용어를 차용하고 있기에 더욱 그렇다.

예를 들어 기계학습 알고리즘에서 사용하는 합성곱 신경망CNN, convolutional neural network은 이름만 신경망이라 부를 뿐 실제 학습을 수행하는 뇌의 신경망 구조와는 거리가 있다. 합성곱 신경망에서 학습을 위해 중요한 개념인 역전파back propagation는 신경망에서 정보 흐름이 거꾸로 가는 것을 표현한다. 그러나 실제 신경회로에선 거의 일어나지 않는 일이다. 기본적으로 신경은 시냅스를 거슬러 시냅스 후에서 전으로 정보가 이동할 수 없다. 오히려 신경은 신호의 역전파를 막기 위한 다양한 방법을 사용한다. 인공지능은 태생, 원리, 구조, 개념 모든 면에서 뇌와 큰 차이가 있다.

결국 인공지능에는 뇌와 같은 다차원 인식 기능이 없는 것으로 사료된다. 그럼에도 인공지능이 대단한 능력을 갖는 이유는 전력과 데이터만 제공하면 열심히 무한대로 반복학습을 한다는 점이다. 인공지능의 전유물이 된 반복학습 전략으로는 인공지능 사회에서 차별화될 수 없다.

인간은 반복학습 없이 문제를 해결할 수 있는 뇌의 첨단 기능을 발전시켜야 한다. 물론 이러한 뇌 기능을 장착한 인공지능이 연구되고 있다. 만일 뇌의 다차원 인식과 효율성을 모방한 인공지능이 나온다면 그때 가서 또 고민해보자. 개인적으로 그런 날이 내 생전에 오지 않을 것이라 믿는다. 뇌는 이렇게 직관적이고 긍정적이다.

05

뇌가 정보를
기억하는 법

뇌 속에 연결된 모든 지식들이 연결되어
새로운 지식을 만들어낼 수 있다.

뇌는 경험을 통해 다양한 정보를 받아들인다. 경험한 대상이
사라진 뒤에도 어떻게 그 대상에 대한 정보가 남을 수 있을까? 무
의식을 탐구한 초현실주의 화가 살바도르 달리Salvador Dali가 그린
그림을 보면 시간 개념이 많이 나온다. 「기억의 지속」[37]이라는 그
림은 세상의 사물이 수면에 녹아들어 벽돌 같은 단위로 만들어지
는 것을 보여준다. 뇌는 대상에 대한 정보를 기억이라는 형태로
저장하는데 기억은 신경과 신경의 연결인 시냅스에 저장된다. 연
속적인 아날로그 자극이 신경정보로 디지털화되는 것이다. 달리
의 벽돌은 불연속적인 디지털 기억을 잘 표현해주고 있다.

오브젝트가 기억될 때 관련된 정보는 모두 연결된 채로 저장되어야 한다. 예를 들어 우리가 낙타를 볼 때, 눈, 코, 입, 머리, 몸통 등 낙타의 각 부위는 서로 다른 시각피질 신경들에 투영된다. 또한 낙타의 소리나 냄새를 인식하는 것도 청각피질과 후각피질의 신경세포가 담당한다. 한 마리 낙타로 인식하기 위해서는 낙타와 관계된 모든 신경들이 서로 연결되어야만 낙타라는 오브젝트를 완성할 수 있다. 서로 다른 자극들이 모여 하나의 오브젝트로 연결되어야 하는 문제를 연합문제binding problem라 한다. 같은 종류의 감각신경 내에서는 국소적인 연결local binding도 필요하고 서로 다른 감각정보들 간의 장거리 연결remote binding도 필요한 것이다. 연결된 기억은 저장되어 있다가 단서가 주어지면 그 단서와 연결된 정보들이 의식의 영역으로 함께 떠오른다. 이를 회상recall이라 한다.

뇌가 연결문제를 해결하는 과정을 보여주는 다양한 증거가 있다. 1976년 해리 맥거크Harry McGurk와 존 맥도널드John Macdonald는 동시에 들어온 감각자극이 서로 연결되는 현상을 발견했다. '맥거크 효과McGurk effect'다.[38] 입모양은 '가 가'로 하고 소리는 '바 바'로 립싱크를 하게 되면 80퍼센트가 넘는 청중이 그 소리를 '바 바'가 아닌 '다 다' 혹은 '다 가'로 듣는다. 이것은 시각자극과 청각자극이 서로 연결되어 나타나는 감각에 대한 주관적 해석으로 나타나는 현상이다.

서로 다른 감각정보들이 연결되기 위해서는 만나는 시간과 장소가 있어야 한다. 첫째, 장소적 만남spatial binding에 관여하는 뇌 부위가 있다. 해마hippocampus, 편도체amygdala, 연결피질associative cortex 등이 그것이다. 둘째, 비슷한 타이밍에 들어온 정보들끼리 연결되는 시간적 연합temporal binding이 중요하다. 감마진동이론에 따르면 시간적으로 시각 인식은 초당 40프레임을 가지고 있어서 40분의 1초 안에 동시에 들어온 서로 다른 감각신호들은 하나의 대상으로 인식한다. 그래서 뇌파를 찍어보면 대상을 바라볼 때 시각피질이나 연합피질에서 감마진동이 관찰된다.

서로 다른 시간대에 인식된 오브젝트들이라도 서로 연결될 수 있다. 고등학교 때 국어 선생님께서 밥을 먹을 때 쌀을 만든 농부와 넓게 펼쳐진 논과 거기에 서 있는 허수아비를 상상해보라고 했다. 모든 것이 연결되어 시상이 되고 글의 재료가 된다는 것을 설명하기 위함이었다. 뇌가 정보를 기억하는 법도 마찬가지다. 뇌 속에 기억된 모든 오브젝트들은 서로 연결되어 새로운 지식을 만들어낼 수 있다. 한번 연결되어 완성된 오브젝트는 오래도록 기억된다. 또한 일부 자극만 주어도 관련된 오브젝트들을 떠올릴 수 있다.

신경과학 역사에 가장 훌륭한 천재과학자 중 한 명인 데이비드 마David Marr 박사는 신경과 신경의 연결인 신경망으로 기억이 연결되는 과정을 설명했다. 그는 옆 실험실에서 소뇌의 신경망을 연구하는 모습을 보고 기억의 연결이 어떻게 일어나는지 추론했다. 그의 신경망이론은 매트릭스 기억Matrix memory 이론으로 발전했으며 현대 인공지능의 신경망 이론의 기초가 되기도 했다.

소뇌 신경망은 신경들이 서로 교차하여 매트릭스를 만들고 있다. 데이비드 마는 각 노드가 정보를 담을 수 있다고 생각했다. 매트릭스 기억장치에서 어떻게 서로 다른 두 가지 정보를 연결할 수 있는지 살펴보도록 하자. 이 장치에서 신경이 정보를 전달하면 1 그렇지 않으면 0으로 표기된다. 예를 들어 모양에 대한 정보를 전달하는 6개의 신경이 있다고 가정하면 다음과 같이 사과, 바나나, 배추를 표현할 수 있다.

사과   000111

배추   001011

바나나   101010

또한 색깔에 대한 정보를 전달하는 6개의 신경이 있다고 가정하면 다음과 같이 빨강, 노랑, 녹색을 표시할 수 있다.

빨강   110100

녹색   100110

노랑   001011

이제 모양과 색깔을 만드는 신경들이 서로 교차하는 매트릭스를 만들어 보자.

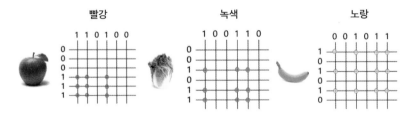

그리고 두 종류의 신경이 교차하는 것을 시냅스라고 하는데 만일 두 종류의 신경이 모두 활성화된 시냅스는 가중치가 1이 된다. 매트릭스 신경망 위에서 1이 된 시냅스들을 보면 사과와 배추와 바나나에 대한 정보는 서로 다른 패턴으로 저장됨을 알 수 있다.

만일 세 가지 정보가 모두 한 가지 매트릭스에 저장이 된다면 어떻게 될까? 뇌 속에서 사과, 배추, 바나나의 색에 대한 정보가 신경망에서 누적되어 있는 상황을 생각해보자.

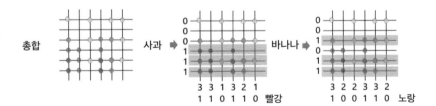

세 가지 조합의 정보가 신경망에서 서로 섞여 있는 상황에서 "사과는 무슨 색인가?"라고 질문하면 매트릭스 기억장치는 정확한 답을 낼 수 있을까?

한번 테스트해보자. 사과의 경우 단어 정보는 000111이다. 이 정보를 매트릭스 기억장치 속에 넣어준다. 이때 활성화된 노드의 가중치를 모두 더하면 322332가 된다. 이것을 3으로 나누면 100110, 즉 '빨강'이라는 답이 나온다. 또한 바나나의 경우 001011인데 역시 답은 100110으로 노랑이 나온다. 이렇게 신경망의 매트릭스 구조는 여러 가지 기억의 조합을 혼동하지 않고 계산하는 능력이 있다.

만일 비슷하지만 약간 다른 자극을 주면 어떻게 될까? 001011 자극을 조금 바꾸어 001001자극을 줘보자. 누적된 매트릭스 장치의 값은 211221로서 이것을 2로 나누면 100110으로 예상치와 크게 다르지 않다. 마치 낫 놓고 기역 자를 생각해내는 뇌의 패턴완성을 모방하는 것으로 보인다.

매트릭스 이론에 따르면 뇌는 신경망에 다양한 정보들을 중복으로 저장할 수 있다.

최근 캐나다의 신경과학자인 시나 조슬린 박사Sheena Josselyn는 연속적인 서로 다른 기억 실험을 하여 어떤 신경이 기억에 활용되는지를 살펴보았다. 놀랍게도 첫번째 기억에 활용된 상당수의 신경들이 두번째 기억에도 작용함을 발견했다. 한번 흥분했던 신경

뇌 과학이 인생에 필요한 순간

들이 더욱 유연하게 다른 기억에서 활용되는 것이다. 조슬린 박사는 이것을 아바의 노래 제목이기도 한 '승자가 모든 것을 갖는다 winner take it all'는 이론으로 명명하면서 서로 다른 기억이 연결될 수 있는 것과 연관이 있다고 제안했다.[39] 기억들이 신경망에 중복해서 저장될 수 있는 매트릭스 메모리가 실제로 가능함을 보인 것이다. 또한 하나의 기억이 모티브가 되어 다른 기억들도 넝쿨째 생각나는 원리도 설명할 수 있게 된다.

마음으로만 설명하던 뇌의 고등인지 기능이 수학적인 원리로 설명 가능하다는 것은 많은 과학자들에게 큰 희망을 주었다. 특히 인공지능 소프트웨어 개발에 큰 영향을 주었음에 분명하다. 데이비드 마 등 신경회로 모델 연구자들의 이론에 고무되어 후배 학자들이 신경망을 컴퓨터 알고리즘으로 구현하고자 한 것이 인공지능이다. 실제로 단위 인공지능 모듈은 실제 신경의 모습과 같이 많은 입력input을 받고 이를 통하여 단일한 출력output을 내는 구조로 되어 있다.

6부

뇌 과학이 인생에 필요한 순간

: 이제 우리는 어떻게 할 것인가?

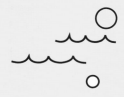

**뇌 과학 여행은 현실을 떠나
다시 현실로 돌아오는 과정이다.**

01

더 넓은 세상을
즐기는 방법

뇌에 대한 이해로
사회적 갈등을 줄일 수 있지 않을까?

 이 책을 집필할 때, 한 가지 원칙이 있었다. 그것은 내가 아는 최소한의 지식만 전달하자는 것이다. 독자들이 다른 책이나 인터넷에서 접할 수 있는 내용을 반복할 필요는 없다고 생각했다. 나의 얼마 되지 않는 뇌 과학 지식일지라도 독자들에게 생각할 재료가 된다면 성공이라 생각했다. 이제 5부에 걸쳐 뇌가 가진 특징과 한계에 대한 최소한의 지식을 전달했으니 나의 임무는 끝났다. 끝으로 내가 뇌 과학을 통해 깨달은 소소한 이야기들을 정리하면서 인사를 대신하고자 한다.

 뇌는 1000억 개의 신경들과 신경과 신경이 연결된 100조 개의 시냅스를 통해 엄청난 양의 정보를 처리하며 뇌 속에 광대한 아바타 세상을 만든다(2부, '뇌가 만들어낸 세상' 참고). 그러나 분명한 것은 실제 세상이 뇌가 만들어낸 세상보다 더 크고 불확실하기에 둘 사이에는 커다란 간극이 존재한다는 점이다. 다행히 뇌는 그 차이를 인식하고 교정하고자 하는 의지가 있다.

그러나 뇌의 놀라운 능력을 활용하고 누리기 위해서는 뇌가 만들어내는 본능의 밑그림에서 우선 자유로워져야 한다. 그렇지 않으면 뇌가 만들어낸 본능적인 세계에만 매몰되어 우주를 품는 자유를 누리기 어려워진다. 전도유망한 젊은이들과 존경받던 인물들이 성범죄 사건과 폭력 사건으로 인생이 망가지는 일이 급속히 증가하는 것도 바로 뇌의 문제다.

뇌가 만들어낸 세상에 갇혀 지내다가 뇌가 만들어내는 본능을 이기지 못하고 사회적인 갈등이 유발된다. 이로 인해 개인과 국가의 경쟁력은 치명적으로 손상되고 있다. 특히 4차 산업혁명에 접어드는 시점에서 사회가 빠른 속도로 발전하고 고도화될수록 뇌의 요구를 들어주기 더 쉬워지기에 이러한 갈등은 더욱 커질 것이다.

뇌의 한계를 극복하고 시너지를 낼 수 있는 교육 및 사회 시스템을 확립하는 것이 시대적 사명이 되고 있다. 어릴 때부터 나와 뇌의 생리학적 신호를 분리해 스스로 뇌를 관찰하고 교육할 수 있는 능력을 배양해야 한다. 스스로 뇌를 객관적으로 바라보고, 교

뇌 과학이 인생에 필요한 순간

육하고, 발전시키는 능력을 소유한 소수의 사람들이 성공과 보람을 갖게 되는 시대가 다가오고 있다.

한강의 기적을 뇌 과학적으로 설명할 수 있을까? 한국인들은 가난했지만 이웃을 배려하는 마음이 강하다. 손님이 오면 고봉밥과 가장 맛있는 반찬을 낸다. 그러면 손님은 밥과 음식을 남겨 주인집 아이들을 배려한다. 주인은 그 맘을 알고 밥에 숭늉 물을 부어 다 드시게 한다. 그리고 손님이 갈 때 맛있게 드신 반찬을 싸서 집에 돌아가거든 아이들과 함께 나누어 먹으라며 전한다. 이러한 배려 정신은 한강의 기적을 이루는 데 큰 기여를 했다. 사회갈등에 쓸 에너지를 산업 발전에 쏟을 수 있었다.

뇌 과학자의 입장에서 보자면 우리나라 사람들이 보이는 이러한 행동은 나의 개념을 이웃과 사회로 확장할 수 있는 의식을 가지고 있었기 때문으로 설명할 수 있다. 서로를 배려하는 것은 일종의 사회보험으로 혹, 실수가 있어도 원만하게 해결을 할 수가 있다.

어릴 때 나는 친구와 놀다 그만 친구 머리에 피가 나게 하고 말았다. 그때 친구 아버지는 아이들은 싸우며 큰다면서 오히려 돈을 건네주시며 앞으로 친하게 지내라고 하셨다. 이렇게 용서 받은 기억은 나 또한 다른 사람을 용서하고 배려하는 데 큰 힘이 되었다. 당시 어른들은 자녀들을 '우리 아들', '우리 딸'이라고 불렀는데, 아마도 '우리' 안에는 다른 집의 자녀도 들어 있었던 것 같다.

이웃을 내 몸과 같이 사랑하기는 어렵지만, 타인을 나의 연장선으로 생각할 수 있는 뇌 기능을 활용한다면 이웃을 위해 헌신하고 배려하는 일은 어렵지 않다.

02

내가 뇌를
따라가고 있을 때

중독치료가 필요한 사회

야한 차림이 문제인가, 그것을 보고 성적인 욕구를 느낀 것이 문제인가? 분노를 유발한 상대의 행동이 문제인가 아니면 분노한 내가 문제인가?

뇌의 본능적인 요구를 승화시키지 못한 나의 책임을 생각해보자. 뇌의 요구는 받아주기 시작하면 점점 더 확장된다(3부, '몰입하는 뇌' 참고). 더욱이 뇌의 욕구는 늘 에너지가 충만하여 대상을 가리지 않는다. 나의 가족이나 동료라고 해서 방심하면 안 되는 이유다.

나에게 잘해주는 상대에게 감사하는 마음이 커져야 하는데 본능의 뇌는 나에게 보상을 주는 대상을 점차 당연시하고 이를 더욱 도구화할 가능성이 높다. 업무를 도와주는 것을 넘어 점차 개인적인 요구를 하다가 선을 넘는 행동을 하는 것이다.

뇌 속에 도파민이 분비되어 점점 더 기대치를 높이기 때문이다. 그러다가 그것이 이루어지지 않으면 화를 내고 상대를 공격하게 된다. 늘 아내가 차려주는 밥을 먹다가 어느 순간부터는 이를 당연하게 여기고 차려주지 않으면 화를 내게 된다거나, 월급 외에 받던 보너스를 뜻밖의 즐거움으로 여기기보다는 당연시하다가 보너스가 더 이상 지급되지 않으면 실망하는 원리다.

어떻게 뇌의 본능을 승화시킬 수 있을까? 동료에 대해 본능적인 반응이 시작된다면 그 동료에 대하여 재평가해야 할 시기가 온 것이다. 현실세계의 동료에 대한 아바타가 뇌 속에서는 본능적 대상으로 만들어져 있는 상태임을 알아야 한다. 그리고 그 아바타에 다른 정보를 주입하여 새롭게 교체해야 한다. 실존하는 동료는 회사에서 업무를 하는 대상이며, 누군가의 자녀이자, 부모라는 점을 뇌에게 교육해야 한다.

보다 효과적으로 재평가를 하기 위해서는 뇌가 본능적인 행동을 요구할 때 대상을 피하거나 대상에 대한 생각을 피하기보다 오히려 상대에 대한 나의 생각에 더욱 적극적으로 나의 행동을 분석해 의미를 부여해야 한다. 그 사람에 대한 본능을 변화시켜 존중하는 마음을 갖도록 하는 것이다. 나 자신과 동일시하기는 어려워도 내가 나에게 하듯이 섬겨야 할 대상으로 재평가할 수 있다. 그 전까지는 뇌의 신호에 끌려가는 것을 멈춰야 한다.

형편에 맞지 않는 10만 원짜리 아이언맨 장난감을 사달라고 조르는 아이가 있다면 어떻게 해야 할까? 우선 안 사주는 것도 방법이다. 그러나 보다 효과적인 방법은 아이에게 아이언맨 인형을 사준 다음 함께 만져보면서 로봇 공학적 원리를 같이 생각해보거나 아이언맨이 다른 사람을 배려하는 행동을 어떻게 하는지에 대해 이야기해보는 것이다. 장난감 사달라고 조르는 뇌의 채널을 보다 높은 차원으로 돌리도록 교육하는 것이다.

중독에 빠졌을 때도 비슷한 원리를 적용할 수 있다. 중독의 대상이 되는 게임, 주식, 술, 담배도 이성적으로 피한다고 해결되지 않는다. 뇌는 그 느낌을 기억하고 계속 조를 것이기 때문이다. 오히려 뇌의 본능을 더욱 강하게 느끼면서 그 열정을 다른 대상으로 승화시키도록 해야 한다.

예를 들어 금연을 해야 한다고 담배를 마냥 피하는 것이 대수가 아니다. 피하다 어느 순간 담배를 피면 더욱 맛있다. 오히려 담배를 피우면서 그 해로운 느낌과 냄새, 그리고 주변 사람들의 부정적인 반응, 자녀 건강에 미칠 나쁜 영향 등을 종합하는 작업이 선행되어야 한다. 운전 중에 습관적으로 휴대전화를 자주 본다면, 휴대전화를 보면 생기는 문제 등 일어날 수 있는 사고 내용을 확인하고 나에게 일어날 수 있는 일을 구체적으로 상상해봐야 한다.

그러고 나서 휴대전화를 끄거나 내려놓고 얽매임에서 자유로워
진 상태에 대해 음미하고 기억하도록 해야 한다.

03

사람을
판단해야 할 때

외모를 보지 말고
뇌를 보는 기술

우리는 늘 다른 사람을 평가하면서 산다. 나는 뇌 과학을 하는 사람이기에 종종 질문을 받는다. 뇌를 연구하면 할수록 사람들에 대한 실망이 커지는지, 아니면 희망이 커지는지에 대한 질문이다. 결론은 간단하다. 뇌의 보상회로 원리에 따라(4부, '욕망하는 뇌' 내용 참고) 어떤 사람들과 함께하면서 나에게 이득이 된다고 생각하면 희망을 갖다가도 손해를 보게 되면 실망으로 돌아선다. 따라서 주변 사람들을 일일이 평가해서 희망을 줄 것인지, 실망을 줄 것인지 예측하는 것은 중요한 일이 아니다. 서로가 도움이 되는 사람을 찾아 함께 희망이 되는 조건을 설계하는 것이 더 중요하다.

지난 20여 년간 우리 연구실에 다녀간 100여명 이상의 학생들과 입학사정관으로 일한 10년의 경험을 뒤돌아본 결론은 사람을 첫인상으로 파악하기는 어렵다는 것이다. 처음 봤을 때 매우 매력적이고 꼭 뽑고 싶었던 학생이 나중에 보니 실력은 그만 못한 경우가 많았다. 아마도 실력이 부족하니 외모와 행동을 가꾸어 여기까지 온 것이 아닌가 조심스럽게 생각해볼 수 있다. 또한 처음 봤을 때 전혀 매력적이지 않는 경우가 있는데 이제는 그런 학생이 어떻게 여기까지 올 수 있었는지 다시 한번 생각해본다. 외모나 행동이 아닌 진정한 실력자인 경우가 많았기 때문이다.

　정말 피해야 할 사람들은 누구인가? 나를 비방하고 말이 많은 분들은 크게 조심하지 않아도 된다. 자신의 전략을 스스로 드러내면서 손해를 자초하는 사람들은 실제론 그리 조심하지 않아도 되는 하수일 가능성이 높다. 정말 조심해야 할 사람들은 사회적으로 매너가 매우 좋고 이타적으로 보이면서도 자신의 이익을 남이 모르게 잘 챙기는 진정한 실력자들이다. 와튼스쿨 조직심리학 교수 애덤 그랜트Adam Grant가 쓴 베스트셀러 『기브 앤드 테이크Giver and Take』에는 세 가지 유형으로 사람을 구분한다. 자신의 이익보다 다른 사람을 먼저 생각하는 사람인 기버Giver, 주는 것보다 더 많은 것을 챙기려는 사람인 테이커Taker, 받는 만큼 주는 사람인 매처Matcher다. 이 중에서 테이커에 해당하면서 겉으로는 기버인 것처럼, 때로는 매처인 것처럼 행동하는 부류의 사람들을 조심해야 한

　　　　　　　　　뇌 과학이 인생에 필요한 순간

다. 정말 주의하지 않으면 이들에게 합법적인 사기를 당하기 십상이다. 서로가 서로에게 도움이 되는 사람을 찾아 함께하려면 우선 내가 피해야 할 부류의 사람들도 잘 가려내는 것이 좋다.

04

진실한 협력자를
만들고 싶다면

파트너는 만나는 것이
아니라 만들어진다.

앞서 배웠듯이 뇌 속에 존재하는 오브젝트는 매우 유연해서 많은 정보들이 연결된 4차 오브젝트로서 존재한다. 만일 누군가 나의 필요와 성공을 돕는 존재로 확인되면 뇌는 그를 나의 일부로서 연결할 수 있는 것이다. 누군가와 진실한 관계를 형성했다면 그것은 이타심에 의한 것이라기보다는 이기심의 주체인 '나'의 개념이 서로에게 확장된 것이다. 따라서 내가 진실한 파트너를 만나는 것이 아니라, 파트너의 뇌 속에 나를 진실한 파트너로 만들어야 한다(2부 중 '4장. 뇌가 만드는 '나'라는 존재' 참고).

1996년 북한의 인민무력부 정찰국 소속 특수부대원 26명이 강릉시 부근에 침투했다. 사태는 진압되었지만 군인 12명, 예비 군 1명, 경찰 1명, 민간인 4명 등이 사망하였고 부상자는 27명에 달했다. 당시 뉴스의 한 장면이 아직도 떠오른다. "사람은 한 번 죽는다. 내가 가는 대로 너희는 따라오기만 하면 된다. 전진 앞으로." 정찰을 나서기 전에 어느 하사관이 한 말이다. 잘 훈련된 군인들은 서로를 위해 죽을 준비가 되어 있다. 살기 싫어서가 아니라 이미 뇌 속에 전우라는 같은 정체성으로 각인되어 있기 때문이다.

우리는 동료들을 어떻게 바라보는가? 남성으로 혹은 여성으로 볼 수도 있고, 경쟁자 혹은 단순 계약 관계로 볼 수도 있다. 그러나 진정한 동료는 운명을 함께하는 사람이다. 나의 뇌 속에 동료가 나의 일부로 연결되어 있다면 그 사람을 나의 욕구를 충족시키는 도구로 사용할 수는 없을 것이다.

나는 가끔 연구실의 학생들과 연구원 그리고 행정을 돕는 선생님들을 볼 때, 내가 그들을 위해 죽을 수 있을까를 점검해본다. 이러한 생각들이 당장 그들에게 도움이 되지 않을지도 모르지만 적어도 내가 실수를 하거나 피해를 주지 않는 데에는 큰 도움이 된다.

진실한 동료를 어떻게 알아볼까? 나를 칭찬하는 사람이 아니라 나에게 질문하는 사람이다. 그가 질문한다는 것은 자신의 뇌 속에 나와 관련된 정보를 넣고 싶다는 뜻이다. 칭찬만 하는 사람은 거의 99퍼센트 내게 얻을 것이 남아 있기 때문이므로 주의해야 한다. 나에게 줄 것이 남아 있는 사람은 언제나 질문한다. 내가 필요한 것은 무엇인지 궁금해한다.

내가 질문했을 때, 사실뿐 아니라 자신의 의견을 더해주는 사람이 또한 진실한 동료다. 책임을 지기 싫으면 사실만 전하면 된다. 그런데 나의 의사결정에 도움을 주기 위해 자신의 이름을 걸고 자신의 소중한 아이디어를 제공하는 사람이라면 신뢰할 수 있을 것이다. 물론 자신의 의견을 전하기 위해 일부의 사실만 전하거나 왜곡한다면 문제가 있다. 그래서 사실 확인을 바탕으로 한 신뢰가 언제나 중요하다.

사람들은 "요즘 어때?"라는 질문을 많이 한다. 이런 일상적인 대답에 가장 많은 대답은 "괜찮아"라는 답변이다. 나는 대학원생 때 실험에 실패하는 동안에도 늘 "괜찮아요"라고 입버릇처럼 말하고는 했다. 내 대답에 "그래"라며 지나치던 선배가 어느 날 자판기 커피를 사다 주면서 "힘내라" 한마디를 던졌다. 나는 선배의 그 한마디에 온 마음이 흔들렸다.

진정한 동료라면 마음으로만 들리는 "안 괜찮아"를 들을 수 있어야 한다. 미세한 음성과 표정의 차이를 구별해 힘들어하는 동료를 위로할 수 있다면 그 자체로 이미 마음이 연결되었다는 증거다.

내가 어려울 때, 나에게 다가와 질문하고 마음의 답변을 들어주는 사람들을 기억하자.

05

죽은 아이디어를
되살리는 기술

창의성은 싸구려 재료로
비싼 작품을 만들 때 빛을 발한다.

사람들이 먹고사는 원리는 다른 사람의 필요와 요구를 채워주는 데 있다. 직장인의 하루는 많은 요구를 받고 처리하는 과정이라 할 수 있다. 그런데 그 요구를 다 들어줄 시간도 부족하고 다 들어주다간 몸이 온전치 못할 것 같다. 또한 요구사항이 대부분 자신들을 위한 이기적인 것들이라 듣는 것 자체가 스트레스가 되고 그것을 들어주면 자신은 손해를 볼 것 같다. 같이 일하는 김 대리는 절도 있게 거절도 잘하는데 나는 왜 늘 거절이 서툴까 고민스럽다. 왜 그 요구를 못 들어주는지 설명하다 보면 상대를 공격하게 되고 불화가 생긴다.

어떻게 할 것인가? 창의력이 필요하다. 뇌가 만든 뇌 속 세상의 중요한 특징은 모두 같은 재료인 신경신호로 되어 있어 서로 쉽게 연결된다. 이기적인 요구나 요청도 창의적으로 승화시켜 내가 속한 집단의 이익으로 연결하며 훌륭한 아이디어로 승화시킬 수 있다.

예를 들어 1억 원짜리 장비 구매에 대한 요청이 있는데 부서 담당자로서 들어주기는 쉽지 않다. 그 사람의 요청만 들어주면 불평등 문제가 생기고 내가 책임을 져야 한다(5부, '창의적인 뇌' 내용 참고). 그러나 만일 5억 원짜리 장비를 공용으로 갖출 경우 더 많은 동료들이 활용할 수 있다면 그것은 더 좋은 아이디어를 만드는 계기가 될 수 있다. 1억 원짜리 일을 진행하기보다 오히려 5억 원짜리 일을 진행하기가 수월해진다. 진정한 리더는 개개인의 필요를 승화시켜 소속 집단의 발전으로 이끈다.

뇌 과학이 인생에 필요한 순간

06

내가 욕먹는
상황에 대하여

비방하는 사람을 어떻게
내 편으로 만들까?

　50년 이상 살면서 억울한 누명과 오해를 받은 일이 많다. 사건을 무마하고자 사과를 해도 받아들여지지 않고 용서를 하고 싶어도 내 마음이 상대에게 받아들여지지 않는 경우도 많다.

　뇌 과학적으로 소문을 내어 상대를 비방하는 것은 매우 효과적인 공격이다. 소문이 돌고 돌아 대상에게 전달되면 엄청난 좌절과 분노를 유발한다. 우리의 뇌는 스스로 완벽한 내부 세계와 나에 대한 이미지를 만들고 있다(2부 중 '1장. 뇌가 만드는 가상의 세계' 참고). 그런데 누군가 나를 비방한다면 그 정보는 뇌가 구축한 세상 속의 나에 대한 이미지와 큰 간극이 생긴다. 이러한 인지부조화는

271

뇌를 당황하게 하며 분노를 만들어 본연의 업무에 몰입할 수 없게 만든다. 세치 혀로 상대가 막대한 손해를 입도록 할 수 있는 것이다. 이러한 효율성으로 인해 인류 역사상 비방과 욕이 없었던 적이 없다.

잠깐의 운전 실수인데 상대방이 창문을 열고 쌍욕을 할 때, 전화를 받았는데 내가 모르는 일로 누군가 불같이 화를 낼 때, 나의 연구 성과를 비방하는 글을 SNS에서 보았을 때, 혹은 몇 사람 건너 나에 대한 잘못된 소문을 들었을 때, 나를 대할 때 친절하던 사람이 뒤에선 최하 점수로 나를 평가했을 때 등등 불편한 소문은 일상에서 피해 갈 수 없다. 피할 수 없으면 즐기라는 말도 있지만 비방을 즐기는 것은 불가능하다.

그럴 때 나는 우선 뇌 과학 지식을 떠올린다. 전두엽이 시상하부를 억제하는 능력이 떨어지면 사람은 공격적이 된다. 시상하부의 공격성이 조절이 안 된 채로 계속 살아간다면 비방을 일삼는 저 사람의 말로는 좋지 않을 것이라고 미래를 점쳐보기도 한다. 비방을 한다는 것은 그만큼 리더십이 없는 사람이라는 뜻이다. 그러나 여기서 그친다면 비록 내용이 과학적이라 해도 부두교에서 인형을 바늘로 찌르는 저주와 다를 바 없다. 더 나아가 상대에 대한 나의 생각을 승화시킬 수 있어야 한다.

오해와 비방을 전해 들은 한 선배님은 이렇게 말씀하셨다. "그분 말이 다 옳습니다. 제가 문제가 있었겠지요. 정중하게 그분께

연락해서 해결할 테니 김 교수는 걱정하지 마세요." 나를 견제하고 비방하는 사람도 나의 동료로 생각한다면, 그리고 진실된 그 마음이 전해진다면 어떻게 될까? 나는 그 결과를 알고 있다. 서로 원수가 되리라 예상했던 그 분들은 오히려 더욱 서로 존경하며 돕는 관계로 잘 지내고 계신다.

나는 훗날 선배님께 배운 바를 응용해보았다. 뇌의 '의식 문제'와 '예술의 평가'에 대해 토론하는 자리에서 있었던 일이다. 사실 나의 일천한 지식으로 토론에 참여하기에는 버거운 모임이었다. 내가 신경과학적으로 의식에 대하여 잠깐 의견을 말했는데 어느 한 분이 일어나서 10분 동안 반박하셨다. 라캉과 프로이트의 역사적인 주장과 미술사를 비교·분석하는 명연설이자 나의 주장에 대한 예술적인 비방이었다. 그의 발언은 "저의 의견에 대하여 김 교수님은 어떻게 생각하십니까?"로 끝을 맺었다. 나는 대답했다. "제 생각이 잘못되었고요. 선생님 말씀이 제 생각보다 더 높은 차원이었네요. 인정합니다." 그분이 당황하시면서 다시 말씀하셨다. "그냥 인정하신다는 것입니까?" 나는 대답했다. "저는 신경과학 이론만 이야기했는데 선생님께서는 역사적인 사실을 말씀하셨으니 제가 동의할 수밖에요. 제 생각을 바꾸도록 하겠습니다." 그때 사회자가 거들었다. "원래 이공계는 인정이 빨라요." 이후 사석에서 그분과 많은 이야기를 나눌 수 있었다.

인정. 적을 내 편으로 만들 수 있는 강력한 단어다. 혹자는 사건을 무마하기 위해 자신의 잘못이나 틀린 부분에 대하여 형식적으로 인정하기도 한다. 그러나 상대방의 존재는 인정하지 않은 채 의견만 인정하면 오히려 상대를 더욱 화나게 할 수 있다. 상대의 의견에 100퍼센트 동의할 수 없다 할지라도, 그 의견을 낸 상대를 존중하고 인정하는 마음을 전할 수만 있다면 대부분의 문제는 이미 해결된 것이나 다름이 없다.

물론 나도 논쟁을 즐기는 사람이고 어떤 논리로 도전해 와도 최소한 지지 않는 법을 알고 있다. 그러나 진정한 승리 혹은 보람은 나를 비방하는 사람을 내 편으로 만드는 것이 아닐까? 나의 동료가 된다면 나를 비방할 이유 자체가 없어진다. 나의 생각과 억울함을 이해시키는 것은 동료가 된 이후에도 얼마든지 가능하다.

07

때를
기다리는 지혜

언젠가 꺼지는 호롱불보다는
영원한 별빛을 보자.

대학생 때 불빛을 쫓는 나방의 본능 Phototaxis 을 모티브로 한 동화책을 읽은 적이 있다. 동화의 내용은 이렇다. 옛날에 본능에 따라 불을 찾아다니는 불나방 가족이 있었다. 엄마, 누나, 아빠 나방은 모닥불, 호롱불, 네온사인 간판 등 밤이 되면 빛을 찾아 방황했다. 그런데 유독 막내 나방만이 나무 위에 앉아 무엇인가를 쳐다보고 있었다. 이를 보다 못한 아빠 나방이 말했다. "너는 나방의 정체성을 모르는구나. 아빠의 불탄 더듬이를 보렴. 엄마는 모닥불에 날개를 태워 먹었고, 누나는 다리털이 홀라당 타버렸잖니. 그런데 너는 뭐 하고 있는 거야?" 그러나 불을 찾아 방황하던 엄마, 아빠,

누나 나방은 불에 타 죽고 만다. 결국 막내 나방만 살아남아 또 다른 가족을 이룬다. 그 나방은 별빛을 보면서 자신의 때를 기다리고 있었다.

매우 짧은 동화이지만 뇌 과학의 놀라운 깨달음을 담고 있다. 빛을 추구하는 본능이 문제가 아니다. 본능을 통해 모닥불을 추구하느냐, 별빛을 추구하느냐의 문제다. 본능의 대상을 승화시켜 더 높고 가치 있는 목표에 몰입하는 것이 뇌를 가르치는 기본 원리다. 연약한 본능을 활용하여 더욱 훌륭한 때를 기다릴 수 있다면 이미 당신의 뇌는 더 큰 세상에 존재하고 있는 것이다(3부, '몰입하는 뇌' 참고).

가장 기다리기 어려운 때는 내가 옳을 때나 내가 피해자일 때다. 이런 때에 처하면 상황을 전환시키기 위해 뇌는 무던히도 애를 쓰는데 상황이 변화하지 않으면 더욱 화가 난다. 그러나 생각해보자. 억울함과 분노는 나의 뇌에 대한 2차 가해다. 상황에 대응을 하되 내가 얻고자 하는 것을 얻기 전에는 나의 뇌를 다스리고 기다릴 수 있어야 한다.

아들이 중학교 3학년생일 때 봄 학기 체육대회에 나갔을 때 이야기다. 아들은 릴레이 달리기를 하다가 넘어져 응급실에 실려 갔다. 아들은 의식을 잃었고 의사는 비장파열이 의심된다고 하며 수술을 받게 했다. 나중에 친구가 녹화한 비디오를 보니 아들은 그냥 넘어진 것이 아니고 당시 전교 1등을 하던 학생이 뒤에서 밀어서 넘어진 거였다. 학교에서는 문제가 심해지는 것을 원하지 않았고 가해자 부모도 자신의 아들에게 잘못이 없다고 주장했다. 나는 피해자 부모로서 아이들 간에 사과를 하기 원하며 학교에는 책임을 묻지 않겠다고 제안했지만 역시 사과를 받을 수 없었다. 가해자 부모 입장에서는 잘못을 인정하면 혹시 기록에 남아 진학에 문제가 되거나 무리한 보상금을 요구할까 봐 걱정했던 모양이다. 주변에선 학교폭력위원회의를 신청하고 경찰에 신고를 먼저 해야 사과를 받을 수 있다고 했다. 나는 가해자 부모에게 우리의 진심을 전하고 무엇보다 기록에 남지 않으며 수술과 치료비는 보험으로 처리하시라고 방법까지 설명하여 설득한 끝에 결국 사건이 일어난 지 3개월 만에 아이들끼리 서로 사과와 용서를 했다. 용서를 하기 위해서도 시간과 인내, 기다림이 필요하다. 사과를 받아 용서를 하는 것이 아니고 용서를 먼저 하거나 분노의 채널을 돌려 상대를 인정해야 비로소 진정한 사과를 받을 수 있다. 그리고 그 결과는 언제나 가치가 있다.

나가는 말

스스로 선택하여 걷는 인생의 길

숲 속에 두 갈래 길이 있었고,

나는 사람들이 적게 간 길을 택했다.

그리고 그것이 내 모든 것을 바꾸어놓았다.

_로버트 프로스트

    강의와 연구로 하루를 십 년같이 보낼 때는 몰랐다. 어느 날 출근길 가로수들이 가지를 흔들며 나의 관심을 끌어당겼다. 내가 과속을 했나? 평소보다 훨씬 더 빨리 학교에 도착하니 단두대 모양으로 참 우울하게 보였던 정문이, 이젠 꽃이 핀 궁전의 기둥처럼 나를 환영하고 있었다. 인사하는 경비 아저씨, 캠퍼스를 청소하시는 분들, 분주하게 강의실로 향하는 학생들 하나하나가 모두 눈에 들어왔다. 세상의 시간과 공간과 사람들이 달라 보인 것은 뇌가 달라졌기 때문이다. 이날은 정년보장 서류를 받고 처음 출근하는 날이었다.

사실 정년보장에 대해서 심각히 생각해보지 않았다. 나는 학자로서 정년 따위에 연연하지 않기 때문이며, 불안이란 뇌가 만들어내는 신호에 불과하다는 것을 아는 뇌 과학자 아닌가? 그러나 2015년부터 연거푸 승진심사에 떨어지고 마지막 2년은 1년씩 재계약으로 버티는 동안, 나의 뇌는 출렁이는 순두부가 되었다. 정년보장이라는 생존권이 흔들리자 뇌가 만들어놓은 나에 대한 신념이 흔들리게 된 것이다. 늘 마감일은 연장된다는 철학으로 살다가 연장될 수 없는 마감일을 맞고 있었던 것이다.

2018년 정년보장을 받고 나서, 반평생 뇌를 연구한 지식들을 정리해보고자 하는 마음이 생겼다. 내가 아는 신경과학 지식을 총망라한 백과사전으로서 2019년에 출판을 목표로 했다. 역시 만기일을 연장할 수밖에 없었다. 출판기한을 2년을 넘긴 지금 나는 백과사전은 포기하고 반성문을 쓰고 있다. 생존과 경쟁원리에 매몰되어 정작 뇌의 본질적 문제들을 간과한 후회, 그럼에도 텔레비전과 수많은 강연에서 그것을 아는 척했던 무지에 대한 깨달음 때문이다.

물론 독자들이 나의 반성문을 읽어야 하는 이유는 없다. 다만 프로스트의 시 「가지 않은 길」의 마지막 구절처럼 이 책을 보는 독자들이 내가 후회했던 길, 뇌에 이끌려가는 길보다는 스스로 길을 선택하기 바란다.

뇌 과학이 인생에 필요한 순간

뇌 속에 두 갈래 길이 있었고,

나는 본능의 뇌가 적게 간 길을 택했다.

그리고 그것이 내 모든 것을 바꾸어놓았다.

주석

1. 1932년 노벨생리의학상을 수상한 캠브리지대학 교수 에드거 에이드리언 Edgar Adrian 박사는 신경이 감각신호에 따라 반응하는 원리를 밝혔다.

2. 신경과학, 심리학, 경제학을 연결하는 학문으로서 시장 주체의 의사결정이 어떻게 이루어지는가를 연구한다. 2006년 하버드대학의 카밀로 파도 아스키오파Camillo Pado Aschioppa와 존 아사드John Assad 교수는 원숭이의 전전 두엽 피질에서 개별 뉴런의 전기신호를 추적하면서 가치에 대한 생각을 파악할 수 있다는 점을 발견했다. Padoa-Schioppa C, Assad JA. Neurons in the orbitofrontal cortex encode economic value. Nature. 2006 May 11;441(7090):223-6. doi: 10.1038/nature04676. Epub 2006 Apr 23. PMID: 16633341; PMCID: PMC2630027.

3. 르네상스 시대의 거장인 라파엘로 산치오가 교황 율리오 2세의 주문으로 27세인 1509~1510년에 바티칸 사도 궁전 내부의 방들 가운데서 교황의 개인 서재인 '서명의 방Stanza della Segnatura'에 그린 프레스코화.

4. 작은 구조가 전체구조와 비슷한 형태로 끝없이 되풀이 되는 구조를 말한다. 1975년 브누아 망델브로Benoit Mandelbrot의 『자연의 프랙털 기하학The Fractal Geometry of Nature』에서 처음으로 이 단어를 사용하면서 명명되었다.

5. 구글의 딥마인드가 개발한 인공지능 바둑 프로그램이다. 심층신경망Deep Neural Nework을 통한 기계학습으로 최적의 수를 찾아낸다.
David Silver, Aja Huang, Chris J. Maddison, Arthur Guez, Laurent Sifre, George van den Driessche, Julian Schrittwieser, Ioannis Antonoglou, Veda Panneershelvam. "Mastering the game of Go with deep neural networks and tree search". Nature 529 (7587): 484~489. doi:10.1038/nature16961.

6. Martin Hilbert and Priscila López. The World's Technological Capacity to Store, Communicate, and Compute Information. Science, 10 February 2011 DOI: 10.1126/science.1200970

7. 정보를 지울 때 주위 환경으로 빠져나가는 열이 발생한다는 원리다. R. Landauer, Dissipation and heat generation in the computing process IBM Journal of Research and Development, 5 (1961), pp. 183-191

8. Festinger, L. (1957). A Theory of Cognitive Dissonance. California: Stanford University Press; Festinger, L.; Carlsmith, J.M. (1959). "Cognitive consequences of forced compliance". Journal of Abnormal and Social Psychology 58 (2): 203–210. doi:10.1037/h0041593.

9. 1970년대 스탠퍼드대학의 월터 미셸Walter Mischel 교수와 그의 연구팀은 스탠퍼드대학의 빙 유아원에 있는 4~6세 어린이를 대상으로 실험을 했다. 마시멜로를 한 개 준 뒤에, 15분을 참으면 마시멜로를 한 개 더 주는 '지연된 만족delayed gratification' 실험이었다. 선생님이 나가자 일부 학생은 바로 한 개를 먹었으나, 일부 학생은 참다가 먹었고, 나머지는 끝까지 참아 보상을 받았다. 1988년과 1990년에 발표된 후속 연구 결과 유혹을 좀 더 오래 참을 수 있었던 아동들은 청소년기에 학업 성적과 SAT 성적이 우수했고 좌절과 스트레스를 견디는 힘도 강했다는 것이다.

10. 2018년에 뉴욕대학의 타일러 와츠Tyler Watts와 2명의 동료 연구자가 발표한 같은 실험 결과에 의하면 아이들의 미래는 인내심이 아닌 가정환경에 더 큰 영향을 받았고 소득이 비슷한 가정에서는 인내심 여부가 장래에 영향이 없었다.

11. 매슬로는 원숭이를 이용한 자물쇠 실험에서 보상을 주어 학습한 원숭이보다 스스로 자물쇠 풀기를 좋아하는 원숭이가 더 학습을 잘하더라는 발견을 한다.

12. 요시라는 조선에 거짓 정보를 넘겨 함정에 빠뜨리고자 한다. 조선 조정이 이에 속아 이순신에게 출병하라고 명하지만 이순신은 듣지 않았다. 이 일로 이순신이 파직되고 원균이 조선수군 통제사가 된다. 1596년 12월 11일, 요시라가 경상우병사 김응서의 진영에 나타났다. "우리 장군(고니시)이 가토와 사이가 좋지 않은 것은 알고 계실 것입니다. 장군은 '이번에 강화가 깨진 것은 가토 때문이다. 나 또한 그를 제거하고 싶다'라고 말씀하셨습니다. 그런데 며칠 후 그가 바다를 건너올 예정이라 합니다. 수전에 뛰어난 조선 군사가 나선다면 반드시 이를 격퇴할 수 있을 것입니다. 놓치지 마십시오."_『징비록』

13. UNODC, GLOBAL STUDY ON HOMICIDE 2019 : Homicide trends, patterns and criminal justice response (Vienna, 2019), p. 14.

14 "창의성은 사물을 연결하는 것입니다. 창조적인 사람들에게 그들이 무엇을 어떻게 했느냐고 물으면, 그들은 약간 죄책감을 느낍니다. 왜냐하면 그들은 실제로 무엇을 한 것이 아니라 단지 무언가를 보았기 때문입니다. 잠시 후 그들에게는 그것이 명백해 보였습니다. 그것은 그들이 경험했던 것들을 연결시키고 새로운 것들을 합성할 수 있었기 때문입니다. 그리고 그들이 그렇게 할 수 있었던 이유는 그들이 다른 사람들보다 더 많은 경험을 하거나 그들의 경험에 대해 더 많이 생각했기 때문입니다."_스티브 잡스

15. Kim, J., Kim Y., Nakajima, R., Shin, A., Jeong M., Park A. H., Jeong, Y., Yang, S., Park, H., Cho, S. -H., Cho, K., Chung J. H., Paik S. -B., Auguestine, G., Kim D. (2017) Inhibitory basal ganglia inputs induce excitatory motor signals in the thalamus. Neuron, 95:1181-1196, http://dx.doi.org/10.1016/j.neuron.2017.08.028

16. 싸이월드CyWORLD는 대한민국의 소셜네트워크 서비스다. 흔히 '싸이'라고 줄여 말하기도 하는데, 이는 사이버cyber를 뜻하지만 '사이', 곧 '관계'를 뜻하기도 한다. 또, 미국의 페이스북, 마이스페이스와 영국의 베보와 같은 개인 가상공간으로, 싸이월드 서비스에 포함된 '미니홈피'는 이미 고유명사가 되어 사용될 정도로 영향력을 가지게 되었다. 2007년 10월 19일, 전 세계에 타

뇌 과학이 인생에 필요한 순간

전되는 미국의 뉴스 전문방송 CNN은 싸이월드를 한국의 앞서가는 IT문화 중 하나로 소개하기도 했다. _ 위키백과

17. Rosenhan, David "On being sane in insane places". Science. 179 (4070): 250–258. Bibcode:1973Sci...179..250R. doi:10.1126/science.179.4070.250. PMID 4683124. S2CID 146772269.

18. Hamilton, W. (1964). "The genetical evolution of social behaviour. I". Journal of Theoretical Biology. 7 (1): 1–16. doi:10.1016/0022-5193(64)90038-4. PMID 5875341.

19. Rizzolatti, Giacomo; Craighero, Laila (2004). "The mirror-neuron system". Annual Review of Neuroscience. 27 (1): 169–192. doi:10.1146/annurev. neuro.27.070203.144230. PMID 15217330.

20. Keysers, Christian (2010). "Mirror Neurons". Current Biology. 19 (21): R971–973. doi:10.1016/j.cub.2009.08.026. PMID 19922849.

21. O'Keefe, John (1978). The Hippocampus as a Cognitive Map. ISBN 978-0198572060.

22. Hafting, T.; Fyhn, M.; Molden, S.; Moser, M. B.; Moser, E. I. (2005). "Microstructure of a spatial map in the entorhinal cortex". Nature.

23. "Hilbert space". Encyclopedia of Mathematics (영어). Springer-Verlag. 2001. ISBN 978-1-55608-010-4.

24. https://www.dailymail.co.uk/tvshowbiz/article-2001762/Marion-Cotillard-wears-breasts-forehead-Funny-Or-Die-spoof.html.

25. Cherry, E. Colin (1953). "Some Experiments on the Recognition of Speech, with One and with Two Ears" (PDF). The Journal of the Acoustical Society

of America 25 (5): 975–79. doi:10.1121/1.1907229. hdl:11858/00-001M-
0000-002A-F750-3. ISSN 0001-4966.

26. Hermann L (1870). "Eine Erscheinung simultanen Contrastes". Pflugers
    Archiv fur die gesamte Physiologie. 3: 13–15. doi:10.1007/BF01855743.
    38. Anderson, B., Winawer, J. Image segmentation and lightness perception.
    Nature 434, 79–83 (2005). https://doi.org/10.1038/nature03271

27. Anderson, B., Winawer, J. Image segmentation and lightness perception.
    Nature 434, 79–83 (2005). https://doi.org/10.1038/nature03271

28. Anthony C Little, Benedict C Jones. Attraction independent of detection
    suggests special mechanisms for symmetry preferences in human face
    perception. Proc Biol Sci. 2006 Dec 22; 273(1605): 3093–3099.

29. Ian L. Jones, Fiona M. Hunter. Heterospecific mating preferences for a
    feather ornament in least auklets. Behavioral Ecology, Volume 9, Issue 2,
    January 1998, Pages 187–192, https://doi.org/10.1093/beheco/9.2.187

30. "Where was 'My Octopus Teacher' on Netflix Filmed?". Internewscast.
    Retrieved 19 October 2020.

31. 존 포브스 내시 주니어(John Forbes Nash, Jr., 1928년 6월 13일 ~ 2015년 5월 23
    일)는 게임 이론과 미분기하학, 편미분 방정식 등의 분야를 연구한 미국의
    수학자이자 노벨 경제학상 수상자다._위키백과

32. Kim, D., Chae, S., Lee, J., Yang, H., Shin, H. S. (2005). Variations in the
    behaviors to novel objects among five inbred strains of mice. Genes Brain
    and Behavior, 4: 302-306. doi: 10.1111/j.1601-183X.2005.00133.x.

33. Park, S.-G.*, Jeong, Y.-C.*, Kim, D.-G.*, Lee, M.-H. Lee, Shin, A., Park,
    G., Ryoo, J., Hong, J., Bae, S., Kim, C.-H., Lee, P.-S.*, and Kim, D.* (2018)

Medial preoptic circuit induces hunting-like behavior to target objects and prey. Nature Neuroscience, 26: 364-371, https://doi.org/10.1038/s41593-018-0072-x.

34. 유튜브 영상, https://www.youtube.com/watch?v=meiU6TxysCg.

35. Russell D. Clark &Elaine Hatfield. Gender Differences in Receptivity to Sexual Offers Pages 39-55 | Published online: 22 Oct 2008.

36 Donald Kennedy, Colin Norman. What Don't We Know? Science 01 Jul 2005:Vol. 309, Issue 5731, pp. 75 DOI: 10.1126/science.309.5731.75.

37. 「기억의 지속」(스페인어: Persistencia de la Memoria, 영어: The Persistence of Memory)(1931)은 살바도르 달리의 작품 중 가장 잘 알려진 그림이다. 특별히 시계의 모습이 특이한 형태로 그려져 있다. 녹아내리는 시계Melting Clocks, 늘어진 시계Droopy Clocks 등으로도 널리 알려져 있다. 1934년 이후로 뉴욕의 현대미술관이 소장하고 있다. _ 위키백과

38. McGurk H., MacDonald J. (1976). "Hearing lips and seeing voices". Nature. 264 (5588): 746–8. doi:10.1038/264746a0. PMID 1012311.

39. 데이비드 마(David Marr, 1945년 1월 19일~1980년 11월 17일)는 영국의 신경과학자 겸 심리학자다. 마는 심리학, 인공지능, 신경생리학의 연구 결과를 종합하여 새로운 시각 정보처리 모형을 개발하였다. 그는 전산 신경과학의 창시자로 인정되고 있다. _ 위키백과

뇌 과학이 인생에 필요한 순간

초판 1쇄 인쇄 2023년 4월 9일
초판 7쇄 발행 2023년 6월 29일

지은이 김대수
펴낸이 김선식

경영총괄이사 김은영
콘텐츠사업본부장 박현미
책임편집 봉선미 디자인 이희영 책임마케터 박태준
콘텐츠사업9팀 강지유, 노현지
편집관리팀 조세현, 백설희 저작권팀 한승빈, 이슬
마케팅본부장 권장규 마케팅4팀 박태준, 문서희
미디어홍보본부장 정명찬
브랜드관리팀 안지혜, 오수미, 문윤정, 이예주
크리에이티브팀 임유나, 박지수, 변승주, 장세진, 김화정
뉴미디어팀 김민정, 이지은, 홍수경, 서가을
지식교양팀 이수인, 염아라, 김혜원, 석찬미, 백지은
영상디자인파트 송현석, 박장미, 김은지, 이소영
재무관리팀 하미선, 윤이경, 김재경, 안혜선, 이보람
인사총무팀 강미숙, 김혜진, 지석배, 박예찬, 황종원
제작관리팀 이소현, 최완규, 이지우, 김소영, 김진경, 양지환
물류관리팀 김형기, 김선진, 한유현, 전태환, 전태연, 양문현, 최창우

펴낸곳 다산북스 출판등록 2005년 12월 23일 제313-2005-00277호
주소 경기도 파주시 회동길 490
대표전화 02-704-1724 팩스 02-703-2219 이메일 dasanbooks@dasanbooks.com
홈페이지 www.dasanbooks.com 블로그 blog.naver.com/dasan_books
종이 아이피피 인쇄 민언프린텍 코팅 및 후가공 제이오엘앤피 제본 국일문화사

ISBN 979-11-306-3711-2(03400)

다산북스(DASANBOOKS)는 독자 여러분의 책에 관한 아이디어와 원고 투고를 기쁜 마음으로 기다리고 있습니다. 책 출간을 원하는 아이디어가 있으신 분은 다산북스 홈페이지 '투고원고'란으로 간단한 개요와 취지, 연락처 등을 보내주세요. 머뭇거리지 말고 문을 두드리세요.